明石海峡魚景色

…あれから三十五年

鷲尾圭司

はじめに　ものごとの見方について

漁師から教えられた生き方

若い師匠

四十年前のこと、夜明けの明石海峡を望むノリ養殖漁場で小さな作業船に乗っていた。それまでは大学院生として研究をしてきたのだが、現場の漁業が知りたくて、漁協の職員になったばかりのころだった。海上での作業などに慣れていない私は、まだ二十歳を過ぎたばかりの若い漁師の手伝いとして、その小舟に乗りこんだ。

作業は重いノリ網を作業船にたぐり込むというもの。力いっぱい引き寄せては舟の中に取り込むのをくりかえす。三時間あまり続けただろうか、ようやく最後の網を積んだところで力を使い果たし、積みあげた網の上に大の字になってほっと息をついた。

そのとき私は、作業をやり終えた充足感と体力を使いきった疲労感のなかで「これだけやれば、ほめてもらえるだろう」という淡い期待をもっていた。ところがやってきたのは漁師の張り手だった。彼は「お兄さん、海の上で力を使い切ったらあかんがな。いま海に落ちたらどうなる」と言うのだ。きょとんとしていると「海の上では自分の力の七割で仕事をして、三割は命のために残しておくものだ。いま海に落ちたら自力では舟に上がれないだろう」と言う。

なるほど「板子《いたご》一枚、下は地獄」という言葉は知っていたが、穏やかな海にいる自分に関わりがあることだとは気づかなかった。それまで「全力を尽くして頑張る」ことが良いことだと思いこんでいた。それだけに、この言葉には「目からウロコが落ちる」思いをした。自分の命、さらに仲間の命を助けられる余力をもつこと、まわりを見まわせる余裕をもつことが、海の上で生きていく基本だと教えられた。

川口祐二さんに教えられた漁村取材のコツ

浜を歩く人

もともと海に興味をもっていた私は、科学的に海を知ることができればいいと考えて、大学から大学院へと進んだ。しかし、本を読み、先生たちの講義や議論を聞いても、なにか納得できないものがあった。そういった議論は、たしかにある部分においては通用するものかもしれないが、ほんとうに実態を理解し切れているものといえるのか、漠然とした違和感をもったのだ。

現場の漁村を訪ねたとき、漁師たちも同じような違和感を抱いていることを知った。彼らは「専門家の言うことだから、そうなのかも知れないが……」と奥歯にものが挟まったように言う。

いつのことだったか「海のことは漁師に聞くべきだ」と知り、漁師の話が聞きたくてあちこちの漁村を訪れたことがあったが、彼らは口が重いのか、なかなか打ちとけて話をしてくれなかった。なるほど専門家が現地調査をする場合、聞き手が強い目的意識をもっていることが多い。客観的に調べるつもりでも、ある種のフィルターがかかり、漁師たちとのあいだに意識のすれ違いが生じてしまっていたのだろう。彼らに感じた壁は、言葉にもたせる意味合いの違いだと感じた。

そこでヒントになったのが、各地の漁村を訪ね歩き、人々の暮らしぶりや思いを聞き書きという方法で紹介している川口祐二さん（三重県在住）のやり方だった。川口さんはまず人々とのあいだに信頼関係をつくることを優先し、世間話の延長線で、相手がみずから話し出すのを待つ。その間、人なつっこい笑顔でお話しされるので、こちらも緊張がほぐれていく。

そこで、漁村に行っては、作業に加わらせてもらったり、酒屋を探して、立ち飲みをしている漁師たちのそばで聞き役に徹したりすることから始めた。するとと見知らぬ若造が顔を見せたのに興味をもってくれたらしく、あれこれ話しかけてくれるようになった。中には自宅に連れて行ってくれる名人まであらわれ、自然と打ちとけて話をしてもらえるようになった。打ちとけるあまり縁談まで出てくるのには参ったが。

漁師たちは同じ日本語を話してはいるけれども、都会人や研究者とはちがう価値観や文化をもっている。付き合っていくにはその生き方を尊重する肌感覚が必要だと教えられた。以後、漁業者と世間の人々が交わる際には、「通訳」として間を取り持つよう心がけるようになった。

「水産学栄えて、水産業滅ぶ」という構図

当時は大学院生だったから、研究者の集まりである学会や、各地の水産試験場など、研究施設にも訪れることがあった。それぞれ科学的なアプローチで問題を解決しようと努力されているところだ。課題は水産政策を推進するためのエビデンス（証拠）を集めることや、現場から寄せられる疑問や相談に対応することである。

漁師の立場からは、不安定な漁獲模様や環境変化、新たな技術を現場に適応できるのかどうかなど、実用的な問いが寄せられる。その一方で、政府は「わが国の食料政策の中で水産物をどのように位置づけるか」ということを主に考えている。また研究技術

者は「難しい課題について一定の成果をいかに早く出すか」を重視する傾向がある。

前者は、海域利用に強い権利をもつ沿岸漁業者を支えることよりも、国民の食料を確保することを優先して考えている。要するに、食料は輸入でも構わないと思っているのだ。後者は、自分の研究分野について、科学的な証拠を示すにはどうすればいいかということを考えている。そのために、モデルケースを限定し、例外的な事例は将来の課題として棚上げするという方便がよく用いられる。

結果として、漁業現場の悩みは置き去りにされ、「水産学栄えて、水産業滅ぶ」と揶揄《やゆ》される事態となっている。

環境社会学的視点

明石の漁業協同組合で職員として十七年勤めたあと、京都精華大学の環境社会学科という分野で教えることになり、環境問題を人文社会学的に探求した。筆者の担当は「海の環境問題と漁業」。海の環境を回復し保全していく一方で、漁業という人の営みを維持していくための工夫を考えた。同僚には、後に滋賀県知事になられた嘉田由紀子先生や、各地の公害問題に関わってきた山田國廣先生など、さまざまな環境問題に実践的に関わってきた方々がおられた。そのおかげで、海から陸へ、大気へ、世界へと視野を広げることができた。

漁業についても、漁業者の生活の維持から、水産資源の持続的な利用、水産物の有効利用、魚食文化の意義、地域振興のあり方など、漁業と関連する社会全般に目を向けて、関係性を紡《つむ》いでいくことが大切だと知ることができた。また、学生たちと一緒に、環境問題が起きている現場を訪ね、汚染の実態を知るだけでなく、そこに至った歴史的社会的な背景を探り、これからの社会のあり方を考えた。

そこで重視した価値観が「環境の持続性」「社会的公正」「ほんとうの豊かさ」の三つである。それを実現するには「知足（足るを知る）」という老子の教えが重要だと気づくことができた。

五十年を振り返る

水産現場に関わって五十年、瀬戸内海や魚食文化を通じて素敵な師匠や友人と出会い、議論しあってきた。そんな水産の応援団からすると、その時々の時事ネタというか、世間に流布している情報が目につけば「海から見た視点」で精査し、ちょっと一言加えたくなる。

『明石海峡魚景色』（一九八九、長征社）を書いていた一九八〇年代は、いまから思うと瀬戸内海の漁獲量の極大期であった。日本全体がバブル景気で浮き足だっていた中、地方の沿岸漁業は産地間競争をくりひろげ、生産量の拡大をめざしていた。明石から情報発信をしたのは、当時の東京発のかたよった情報に反発したのもあったし、明石海峡をはじめとした瀬戸内海の海と魚の実情を書きとめておきたかったからでもあった。

それから三十年あまり、バブル崩壊のあと、瀬戸内海の環境対策も進み、汚れた海がきれいな海へと変貌していった。それに伴うかのように漁獲量も減少しはじめ、伝統的な漁法や魚食文化も担い手の高齢化が目立つようになり、近代的な漁法や食生活へと移り変っていった。

そして、コロナ禍やウクライナ・ロシア戦争や中東紛争の再燃、気候変動の激化と地震災害などに見舞われる昭和百年には、明石海峡の魚景色は不漁がつづき、筆者の自慢だった師走の新海苔や三月のイカナゴのくぎ煮も風前のともしび状態にある。

本書は、この三十年あまりの過程を振り返っておくため、(公社)瀬戸内海環境保全協会が刊行する総合誌『瀬戸内海』に連載してきたシリーズ「魚暮らし瀬戸内海」を中心に、筆者のエッセイを取りまとめたものである。中には内容の重複もあるが、時期の違いもあるので、ご容赦願いたい。

昨今「令和の里海づくり」というスローガンが目につくようになった。これから大きな変化があることも予想される中、私たちは日本の沿岸域とどのように付き合っていくべきだろうか。いま農村部のことを「里山」というようにもなったが、そこにおける人と自然の関わり方にも注目が集まっている。都会から脱出する若者も多いし、働き方の多様化も進んでいる。「里海」においても「海は漁師だけが使うもの」という時代は終わりつつあるのかもしれない。現在、沿岸域の利用のあり方や、地域振興策についての議論のほか、生物多様性を保全する「海洋保護区」化の動きなども進んでおり、これから社会の海を見る目も変わってくると思われる。

本書が、その議論の一助になれば幸いである。

著者

もくじ

第一章　タコとイカ

第二章　魚たちと海の生態系

第三章　下関とフグ

第四章　料理と食の安全

第五章　販売・ブランド戦略

第六章　イカナゴとノリ

第七章　人と自然

第八章　豊かな海へ

この本は、おもに、雑誌『瀬戸内海』に著者が連載してきたエッセイ「魚暮らし瀬戸内海」を、内容ごとに分類し、まとめ直したものです（雑誌『拓水』のエッセイ「海からのマナザシ」の文章等も一部に含まれています）。

それぞれのタイトルの下に、文章が掲載された年を丸カッコで表記してあります。本文内には当時の時事問題などにふれている箇所もありますので、お読みになる際の参考になさってください。

第一章　タコとイカ

待ちぼうけ　（二〇一八）

二〇一八年の正月、一月四日に恵比寿《えびす》さまからお年玉を頂戴《ちょうだい》した。

新年の仕事始めに水産大学校の前浜を歩いていると、浜辺に赤黒い大砲の弾《たま》のような物体が打ち上げられていた。目をこらすと、なんとヒレが動いているではないか。年末までのシケ模様がおさまり穏やかな三が日であったことと、一月二日が満月の大潮で満潮時であったことが重なって、海から贈りものが届けられたのだ。

近づくと、紛《まご》うことないソデイカ！　外套長《がいとう》（イカは胴部の背側の長さを測る）で七十八センチ、体重は十六キロあまりの大物で、打ち寄せる波に洗われていた。大急ぎでゴミ袋を取りに走り、引き返して収容にかかったが、逃がしてはなるまいとスーツ姿のまま波間に踏み入れて引き寄せ、四十五リットルゴミ袋をかぶせるが収まりきらず、仕方なしに抱え込んでキャンパスに運び込んだ。正門の守衛さんが笑顔で励ましてくれた。

水産大学校に着任したのが九年前のこと。前任者との世間話の中で、冬には前浜にソデイカが打ち上げられることがあると教えられていた。それ以来、

浜を観察する「待ちぼうけ」の日々が続いた。年を重ねて半ばあきらめていたが、苦節九年目にしての大願成就に顔がほころんでしまった。

ソデイカは食用になるイカ類では最大の部類に入り、わが国では沖縄が主産地だ。暖流に乗って北海道にまで至る。巨大イカといえばダイオウイカが有名だが、あちらはアンモニア臭やえぐみがあって食用には向かない。

筆者がめぐってきた日本海側のさかな場では、冬の季節風が荒れ出すとどこも浜の打ち上げに期待を寄せる。山陰地方では樽《たる》を浮かして釣り糸を流し、ソデイカを釣る漁法があることから「タルイカ」とも呼ばれ、本場の沖縄ではセーイカと呼ばれている。

分類学的には一属一種のめずらしいタイプで、スルメイカやケンサキイカのようなロケット型でもなく、コウイカ類のようなずんぐり体型で硬い甲《こう》が入っているタイプでもない。ヒレが外套全体につながりヒラヒラする様子や、足（腕）にも袖のようなヒダがついていることから、服の袖を連想して「ソデイカ」と名付けられたようだ。この巨体ながら寿命はわずか一年だそうで、一年で二〇キログラムに達する成長率には驚かされる。

水深数百メートルの比較的深い海に暮らしており、同じく深海性のホタルイカやハダカイワシなどを食べているようだ。産卵期に入ると浅場に浮き上がってきて、半透明の太いホース状の卵塊を産むという。筆者の手に入ったソデイカは、浅場に来て、冬の冷え込みと荒れた海に翻弄され、浜辺に打ち寄せられたのだろう。

さっそく解体にかかる。胴の中は、エラと墨袋や肝臓はしっかりしていたが、卵巣や消化管は空っぽだったので、産卵を終えて息絶える寸前だったのかもしれない。ちなみに胴に入っている甲は透明タイプだった。また、身の分厚さが四センチあまり、刺身にすると何人前になるのか見当もつかない。一切れ口に運んだが、ゴムのように硬くて、すぐには食べにくい。先達の教えに「冷凍してひと月以上寝かせ、熟成させるのがコツだ」とあったのを思い出し、必死になって皮をむき、表札状の延べ棒に切り分けて、せっせと冷凍にした。節分頃に解凍して楽しみたいものだ。

用途は幅広く、刺身はもちろん、分厚いので切り分けてバター醤油でイカステーキにもできるし、天ぷらにも、炒め物にも、お芋との煮物も楽しめる。冷凍してあるので、話題のアニサキス寄生虫の心配もいらない。

ところでイカの天ぷらを揚げるとき、バチンと爆発してやけど騒ぎになることがある。皮と身のあいだに入った水分が過熱で蒸発し、水蒸気爆発を起こすからだ。やっかいなことに、イカの皮は四層からなっている。上二層は比較的はがれやすいので、皮の端を布巾《ふきん》でつかんで引きはがせば取ることは容易だが、残りの二層の薄皮が簡単ではない。対策としては布巾でよくぬぐい、飾り包丁を細かく入れることだ。水分が残っても、皮が風船状になる前に蒸気が抜けてくれればよいわけなので、かなり危険を緩和できる。皮をむかないゲソの部分は、一度ゆでて表皮組織を弱らせ、水気をよくぬぐってから衣をつけて揚げることをおすすめする。手を抜いて、油はねで顔にやけどを負った苦い思い出がよみがえる。

刺身に戻るが、食感はもちもちとして、モンゴウイカに似ている。歯切れがよく「ハリイカ」とも呼ばれるコウイカとはだいぶ異なる。お寿司屋さんで、もちっとした食感のイカが出たらソデイカかもしれない。ソデイカはスーパーの冷凍食品コーナーで、ロールイカやシーフードミックスに加工されている場合も多いようだ。そういえば、モンゴウイカのほうが最近は少なくなってきているようで、世界の熱帯域から輸入されたソデイカが増えているのかもしれない。

いずれにしても寒さがつのる冬だが、浜の観察を続けながら、次にねらうのはウスバハギである。野球のファーストミットくらいに大きなカワハギの仲間で、刺身にするとヒラメにも劣らない美味。肝も食べられてご馳走になる。夜明けの海辺でせっかくの獲物が打ち寄せられても、カラスやカモメがエサをあさり出す明るさになると、くちばしで突かれて台無しになる。薄暗いうちに発見しようと、毎朝の待ちぼうけが続く。

タコとイカの違い　（二〇一二）

タコ八、イカ一〇という足（腕）の本数の違いで知られる二種の生物だが、その生態は見た目以上に差異がある。とはいえ、どちらも軟体動物という動物群に属しており、進化の過程では親戚関係にある。取り立てて議論するほどではない気もするが、タコが主役の地域とイカが主役の地域のお国自慢では、そのこだわりが大きな関心事にもなる。今回はその微細な違いを分析してみたい。

軟体動物というのは文字どおり軟らかい身体をしているので、敵から襲われるとひとたまりもない。

そこで貝殻という防御装置をもつのが基本で、貝類が軟体動物の主役だ。しかし貝殻は守りにはよいのだが、動きまわってエサを求めるには、少し邪魔になる。そう思った種類は、貝殻を退化させて身軽な身体に進化していった。

イカを開くと背中に甲という舟型の硬い芯が入っている。骨とは違うように見えるのは、これが貝殻の名残だからだ。要するに、イカは貝殻を身体の中に取り込み、自分の心棒として身体を支える装置に変えてしまった。一方タコのほうは、それも面倒だと貝殻をすっかりなくしてしまった。ただ、タコブネやアオイガイなどという種類の中には、いまだに巻き貝様の貝殻を備えて舟のように使って漂流しているものもいる。

この貝殻の名残が残っているか、いないかが、タコとイカの行動様式に相違となってあらわれている。

タコは海底をはい回って、時には穴に入って隠れるのに対して、イカは水中に浮かんで暮らす。貝殻を失ったタコは行動的ではあるが、休みたくなったりすると貝殻に守られていたころの安心感を求めて穴や壁を求めてしまうのだ。だから人間が仕掛けたタコツボにも、自然と足を向けてしまうところがある。一方のイカは、身体の中に貝殻の名残を心棒としてもっているので、他のものに頼らなくても心の安定を保てるアイデンティティーがあって、平気で浮かんでいられるわけだ。

この違いは、両種の墨の使い方にも関係がある。タコが墨を吐くと、それは煙幕となって身を隠してくれる。煙幕が消えるころには岩穴などに入って隠れてしまうので、忍法「煙隠れの術」となる。しかし、イカの方は水中に浮かんでいるのだから、同じ煙幕では次の隠れ場所がない。じっとしていても飛び出しても見つかってしまうだろう。そこでイカは墨を塊で吐き出し、自分の姿に似せた影を身代わりとしてつくる。つまり忍法「変り身」の術（空蝉《うつせみ》の術とも）である。敵が影武者に目を奪われているあいだに半透明の身体を生かしてイカジェットで彼方《かなた》へと逃げ去る算段だ。だから、タコの墨は分散して広がるのに対して、イカの墨はまとまりやすく粘着質で、見せかけの影をつくるわけだ。

なるほどイカ墨はパスタに使うとよく絡むので知られるが、タコ墨を使う例はほとんど聞かない。あまりきれいに仕上がらないのだろう。それでもタコ墨を使いたいという質問がよく来る。ここは注意が必要だ。タコの墨には煙幕としての機能以外に、カニなどの、ハサミをもって抵抗する獲物をおとなしくさせる役割もある。つまりある種のアミン毒が含まれている。ただし、すべてのタコが毒をもっているわけではない。貝類など、おとなしいエサを食べているタコには必要ないので、中には毒をほとんどもたないものもいるわけだ。

好奇心旺盛な筆者は、タコの墨や肝臓が捨てられているのをもったいなく思い、無謀にも少し食べてみた。すると少し頭がくらっとしたので、これはおすすめできないと判断した（真似はしないでください）。

しかし、ところによってはタコ墨を料理に使っている事例もある。調べてみると、漁場によって使用の可否に違いがあることがわかった。潮の流れが強く、海底が岩礁《がんしょう》や砂礫《されき》の海では食べない漁村が多く、砂泥質《さでいしつ》でタコが貝類を主な餌としているところでは食べている例もあった。これは、動いて抵抗する獲物を狙うには毒が必要で、おとなしい貝類なら毒は無用という事実からくるものではないかとにらんでいる。

ちなみにイカの墨は獲物の捕獲には無関係なので、こちらにはもとから毒は必要ない。だからどこでも安心して食べているのだろう。

さて、タコとイカ、どちらも干物にすることが知られている。イカはご存じのとおりスルメとなるが、タコの干した姿は瀬戸内海など限られた地域の風物で、全国版ではないようだ。いずれも似たようなものと思われがちだが、そのまま火であぶってかじると違いに驚く。スルメはちょっと硬いとはいえ、するすると裂くことができる。しかし干しダコは引き裂こうとしてひねっても、ちぎるのがむずかしい。イカの筋肉繊維は縦と横に整列しているので、身体を輪切りにする方向の筋にそって裂くことができる。

しかし、タコの筋肉繊維は網の目状になっており、組紐《くみひも》のようにちぎれない構造になっている。これも水中に漂い、時にジェット噴射で行動するイカの筋肉と、海底を変幻自在にはい回り、腕力で獲物を組み伏せるタコの筋肉の特徴を表しているのだろう。

かみしめると味が出てくるので、干しダコもスルメと同様にしがんでみるのだが、やがてあごが疲れはててしまう。包丁やハサミで切りきざみ、タレでやわらかく戻してタコ飯に仕立てるのが一番よいようだ。文化的にも、イカ焼きといえば姿のまま、イカが主役の食べ物であるのに対して、タコ焼きといえば小麦粉を溶いたものが主体で、タコはそのアクセントとして小さな切り身で入っているにすぎない。これも歯切れと噛み心地の違いからきている話だろう。

料理のついでに、どちらも吸盤をもっているが、イカの吸盤に触れると少しざらついた感じがする。顕微鏡で観察すると、吸盤の外輪に歯のついた硬いリングがある。これは吸盤で吸いつくというより、この歯で引っかけて獲物を捕らえるものらしい。タコにはこうしたリングはなく、吸盤の奥には吸引力を強める組織があって、まさに吸いついて力を発揮する。

明石ダコは立って歩く

このように同類と見なされがちなタコとイカだが、貝殻の名残の有無で、その行動生態や獲物のとらえ方、墨の使い方などに大きな違いが生まれている。進化の過程にどれだけの年代を刻んできたものか、自らの得意を伸ばして、欠点を退化させる自然の摂理には感嘆するばかりだ。また、それを熟知して適切な漁具を開発し、日々の糧に加えていく漁師の知恵と経験にも頭が下がる思いがする。

干しダコがゆれるとき（二〇〇七）

二〇〇七年のこと、お盆のころの猛暑には参ったという方も多いだろう。最高気温の日本記録が塗り替えられ、多くの地域で体温をこす高温にさらされ、熱中症が問題になった。街路を歩いていて、クーラーの室外機からの熱風にうんざりして過ごした日々だったことを思い出される方も多いのではないか。

しかし、そんな熱波のおかげで助けられたこともいくつかある。七月までの日照不足と低温に気をもんで、冷害と米不足を心配された農業関係者もいただろう。「日照りに不作なし」といわれるように、あの熱波は米作りには救いだったという指摘もある。

私の得意分野でいうと、干しダコがおいしくなったことが挙げられる。夏が旬の明石ダコ（マダコの地付き群）は例年だと六月ごろから「麦わらダコ」と呼ばれ、明石海峡周辺から湧くように漁獲されてくる。今年は季節の進行が遅れ気味だったせいか出足が遅く心配されていたのだが、七月の後半になってから一〜二キロという大型個体が一気に漁獲されるようになってきた。

普段の年だと、五月に一〇〇グラム程度だった小さな個体が、二週間で体重を倍にするほどの成長をみせて六月には三〇〇〜四〇〇グラム、七月には八〇〇グラムから一キロに育って漁獲されてくるのだが、この夏は前半には小さい個体が少なかったのに、いきなり大型個体が現れておどろいた。

ついでに二〇〇七年夏の特徴を記しておくと、カワツエビ（サルエビ）が大漁で値崩れをおこすほどだったことと、ハモも豊漁だったのだが、なぜか韓国からの輸入ハモの市場価格が高く評価されていたことだった。

さて問題の猛暑のころ、明石の漁村では干しダコづくりが盛んに行なわれていた。これは明石に限らず瀬戸内のあちこちの漁村で見られた光景だっただろう。

干しダコは、内臓を取り除き、口から目のある頭部を切り開き、各腕の付け根を皮一枚残して切り目を入れる。その上で、胴の部分に馬蹄形に曲げた竹を差し入れて空洞を確保する。そして各腕を張り竹で突っ張って、凧《たこ》のように形を整えて直射日光にさらして干すわけだ。竹の小道具を使って、それぞれの部位が重なって乾燥ムラができるのを防ぎ、全体としてタコのイメージを損なわないのがコツだ。

大きな個体だと、目玉や口にあるカラストンビ（くちばしのような歯）を取りのぞいた方が乾燥しやすい。面倒な胴の部分の処理について「イカのように切り開いてしまえばいいのではないか」と話しかけると「それはスルメであって干しダコではない」と取り合ってくれなかった。

しかし、若手の中にはちがったやり方をする者もいる。売りものや使いものにする干しダコは伝統的な形でつくるが、自家用でビールのつまみにするものは、割り切ってタコの腕だけを一本ずつ切り離し、太い根元部分だけ皮をはいで、洗濯物の靴下干しにクリップ止めで乾かしていた。どうせ形どおりに干しても、胴の部分は薄くて硬い薄皮だけになってしまうので、食べられる腕だけを仕上げるのは理にかなっていると思う。しかし、お爺ちゃんたちには干しダコの美学があって、贈答品としての造形にこだわっているようだ。

この干しダコには秀吉に献上したという歴史がある。マダコ漁がタコツボで大規模に展開されはじめた室町時代以降、豊漁期となる真夏には生ダコや茹《ゆ》でダコは売り切れなかっただろうから、保存するために干しダコがたくさんつくられたことだろう。

先にも触れたが、明石における夏のマダコ漁は梅雨のころから盛期を迎える。「明石ダコは梅雨の雨を吸って大きくなる」と言われるくらいだから、梅雨のあいだも漁獲が進む。しかし、梅雨ではうまく干せないので、梅雨明け後の盛夏を待って取りかかることになる。一キロのマダコをきれいに干すには、強い日差しと30℃以上の高温が必要だ。できるだけ一日で干しあげるのが理想だが、夕方になっても湿っぽい場合には、屋内に収容して翌朝からもう一度干す。途中で雨に降られるなど湿気が戻ると、あとですぐにカビが生えてしまうので、日照りと高温が干しダコづくりの条件なわけだ。その点で、この夏のタコはきれいに干しあがるものが多かったようだ。

さて、そんな干しダコだが、普段から買って食べている人ならともかく、はじめて貰《もら》いものとしていただいたら困ることだろう。イカのスルメのように焙《あぶ》ってかじるとあごを壊してしまいかねない。それほど硬く干しあがっているのだ。また、イカの筋肉組織は縦横に繊維がそろっているので、端からうまくちぎれてくれるが、タコの筋肉繊維は網の目状になっているので、生半可《なまはんか》な力では割くことさえできない代物だ。これはタコ飯にするのが一番無難だと思っていただくしかないと思う。

タコ飯にもいくつか作り方があるが、干しダコからの作り方を紹介しておこう。干しダコを少し火であぶり、こまかく刻《きざ》んで漬《つ》け汁に一晩つけておく。漬け汁は、濃口しょうゆと酒、砂糖で、刻んだタコに甘辛い味をつけつつ、少しふやけさせてやわらかくする。ご飯のほうは、昆布を一片としょうゆを一さじ加えて普通に炊いておく。炊き上がったところに、汁気を切った先ほどの味付けされたタコを加え、混ぜ合わせて十分ほど蒸らすとできあがる。

かたいので刻む手間が大変で、敬遠する若い世帯も多いが、なつかしい思い出のある者にとっては、かみ締めたときの味わいは忘れがたい。しかし、やわらかいものに慣れた現代人には、あまり食べてもらえないのではないかと心配している。

そこで、ソフトタイプのタコ飯の作り方も紹介しておこう。これには生ダコ、あるいはゆでダコを使う。しかし、冷凍ものではうま味が出ないので、生鮮ものを選ぶことが大事なポイントだ。生ダコが手に入ったときには、一分ゆでて冷まし、薄切りにする。これを弱火であぶり、香ばしさをつけるとともに水分を蒸発させる。さらに細かく刻んで、先ほどの漬け汁に熱いままつける。これは二時間ほどでよい。あとは干しダコの場合と同様に、炊き上がったご飯にあわせて蒸らすとできあがる。

ご飯と一緒にまぜて炊く方法もあるが、若干の生臭さが残るので右記の方法をすすめている。漬け汁を捨てるのももったいないようだが、これにも生臭いにおいが出ているので、使いまわすのは避けたほうがよいだろう。

タコにはタウリンが豊富だ。夏ばてで弱った方には、ぜひタコ飯で体力回復を図ってもらいたい。

たこつぼを見て海底を想う　（二〇〇二）

瀬戸内海ではタコの旬は夏とされる。三百年あまり前、松尾芭蕉が明石を訪れたときに詠んだ「たこつぼや　はかなき夢を　夏の月」の句が強い印象を与えているのだろう。実際、主役のマダコの七割は八月から九月の最高水温期に産卵するから、旬はその前の梅雨から盛夏ということになり、妥当な表現だとも言える。しかし、ものごとは言葉面だけで見ると見誤る。七割は言葉どおりに旬を迎えても、あとの三割は「どこに行ったのか」となる。春に産卵期を迎える群が二割あまりあるのだ。明石でいえば紀伊水道を産卵場にして、秋の終りから冬に明石海峡にあらわれる「冬ダコ」あるいは「渡りダコ」と称される連中だ。これらは冬が旬だといえる。あと数パーセント、微妙に産卵期のずれた群もあるようで、一応は年中タコがいるという状況を保っている。

また、冬に卵を持ち「飯持ち」として喜ばれるイイダコは、文句なく冬が旬だ。しかし、瀬戸内海全体を見渡して、多く獲れる季節を探るとどうしても夏に目がいき、漁師たちの活動も夏が中心になる。

近年では天然資源相手の漁業より、養殖を軸にした漁業経営が主体になってきているところが多い。養殖といっても、瀬戸内海という閉鎖性海域では、エサによって海域を汚す恐れのある魚類養殖は持続がむずかしく、ノリやワカメといった海藻養殖やカキなどの貝類養殖のように、エサを与えずに育てられるものが優位にある。

これら無給餌による養殖は秋から冬に盛りを迎える。ちょうどマダコの主力が産卵後に勢力を落とすころに忙しくなるわけだから、養殖とタコ漁の二毛作ともいえる兼業が可能になる。

この結果、タコ漁の賑《にぎ》わいも夏が主になり、冬は養殖に追われる漁業現場の片隅で細々と冬ダコ漁が続く形となる。あちこちの漁港を訪ねると、冬寒の景色の中に積み上げられた「たこつぼの山」が見えるのがこの頃だ。私はそんな季節はずれの忘れものに、つい目を向けてしまう。

平安時代のものも一部にあるようだが、マダコ用の大きなつぼが本格的に使われはじめ、量的に普及したのは、鎌倉時代末期から室町時代と推定される。蒙古来襲の時代に、中国から多くの技術者が日本に逃れてきて、さまざまな技術を大衆化した。船や料理、焼き物にも大きな変化がもたらされた。土器においても、それまでの焚き火で焼く「野焼き」のタイプから、釜で焼く「釜焼き」のタイプに替わり、焼結温度が高められたことで、丈夫な壺が焼けるようになった。これで、内海の入り江から沖の瀬までたこつぼを入れられるようになり、マダコ漁が拡大していった。

さて、今日ではそんな焼き物のつぼは貴重品になり、プラスチック製が幅を利かせている。しかし、縄でつぼをくくる方法は昔のまま、それぞれの土地に伝えられている。漁港を訪ねるたびに、そのくくり方、言い換えるとつぼのぶら下げ方に目を向ける。大きく分けると、徳利《とっくり》のようにつぼの首の方にくくりがきて口が上向きになる「徳利くくり」と、つぼの底のほうにくくりが来て、釣鐘《つりがね》のような姿になる「釣鐘くくり」に分けられる。釣鐘くくりだと中身が落ちそうだが、タコには吸盤があって内部にくっつくから大丈夫だ。

このくくり方の違いで漁場の特性がわかる。潮のゆるい泥底では、釣鐘型だとそのまま口が泥に埋まってしまって役に立たないから、徳利型が有利だ。一方、潮の速い漁場では、徳利型は潮を受けて口に流れがあたり、タコの居心地が悪くて隠れ場にならない。釣鐘型だと潮の下手に転がって口が流れを避ける向きになり、タコの好むところとなる。

どちらかといえばマダコは泥場を嫌い、底質が砂、礫《れき》、岩場などの、潮流の速い場所を好むから、釣鐘型が主流となる。徳利型のほうは流れの弱い泥場ねらいだから、マダコとイイダコ兼用となる。

あなたの訪ねる漁港では、どちらのタイプのくくり方をしているだろうか？　それによって漁場の潮当たりがよいか、泥がかかっているかが見分けられる。タコはきれい好きだから、収集家が好むカキやフジツボが付着した壺は、じつは海底の忘れもので

徳利くくりのたこつぼ

ある。本格的なたこつぼ漁師は漁期の区切りごとにたこつぼを引き上げてきて、ていねいに付着物を落として化粧直しをする。手入れの行き届いたたこつぼは、漁場が飯の種になっていて活用されてきた証でもある。置き物にしたいような、海底の雰囲気を漂わせているたこつぼは、じつは漁場としては衰退に向かっていることを表わしていて、私は寂しく見つめることがある。

居酒屋談義「タコとイカ」（二〇二二）

コロナ禍も一段落の世相。ちまたの消費動向を見ようと居酒屋を訪れたところ、お通し（席料代わりの先付け、小鉢もの）に小ダコの煮付けが出てきた。

隣の席では「これはタコかイカか？」と話題になっており「足が八本ならタコ、十本ならイカが常識だろう」ということで数えはじめた。ここは八本だったのでタコで決着したが、「よそでは耳のある似たような煮付けが出てきた」と話題が広がる。

イイダコ煮つけ

「頭に耳が出ていた」というのだが、それは聴覚のある耳ではなく、イカのヒレにあたる部分だろう。イカタコのたぐいで頭と見なされがちなのは実は胴にあたり、タコの八ちゃんが巻いているのは鉢巻きではなく、腹巻きだったのだ。

それはともかく、ミミイカと呼ばれる数センチサイズの煮物もある。小ダコと同じようなサイズでまぎらわしいが、これはイカとタコに共通した食べ方といえるだろう。小ダコのほうは、イイダコの時もあれば、マダコの幼少期の時もあるようだ。ただ、マダコの場合は、大きく育ってから獲った方が良いので、一〇〇グラム以下は採捕《さいほ》も流通も避けてもらいたいものだ。

こんな小さな獲物でも、少し手間をかけておいしく食べるのが沿岸漁村の食文化だといえる。そういえば、ホタルイカも小鉢ものの定番だ。筆者は酢味噌和《あ》えが好みだが、最近は船上冷凍の生食用も出てきた。イカの生食といえばアニサキス寄生虫が心配だが、冷凍処理されていれば大丈夫だろう。

ホタルイカは富山湾の名産として知られていたが、今では兵庫県但馬《たじま》の冬の味覚として新たな地位を築いている。湯がいたホタルイカが出回っていて、そのまま皿に盛って食べることもできるが、ちょっとひと手間かけることで料亭の味に格上げされる。その手間とは、両方の目玉を除き、胴の先端二ミリほどのところを毛抜きではさみ、体内からプラスチック片のような甲を抜き取る。これで、障《さわ》りなく味わうことができる。

今の時代では「手間」はすなわち「コスト」であり、省くことが経済的だと言われてしまうが、料理の手間は食べる人への喜びの提供であり、愛情表現でもある。大きな市場流通には乗らないが、漁村近くで手に入る小さな産物でも、ちょっとした手間をかけることで暮らしを彩る食品になる。こういう文化を大事にしたいものである。

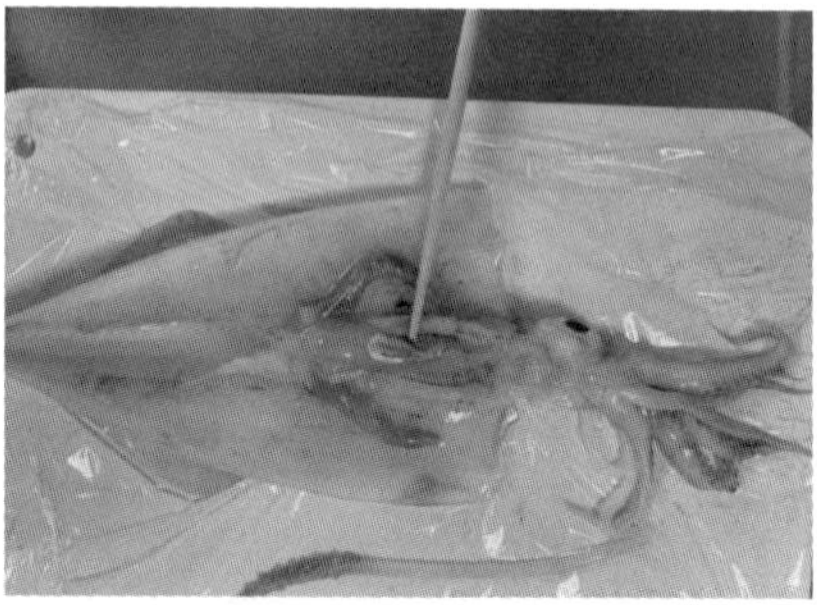

ケンサキイカの内臓と墨袋（箸先）

さて、次に隣の席で話題になったのが「イカ墨料理はあるのに、タコ墨は食べないのか？」という疑問。流行の食品に、「黒」を売りにしたものが多く見られるが、その材料としてイカ墨が用いられている。

イカ墨を手に入れるには、イカを解体する際、墨袋を破らないように取りのぞけばよい。ところがタコの場合には、墨袋は肝臓と癒合しており、単体では取り外せない。そのため「くろべ」と呼ばれる赤黒い肝臓と癒合した墨袋を含む玉状の塊を取り除かなくてはならない。さもないと調理中に墨で真っ黒になってしまう。要するに、タコの墨は取り出しにくいのである。

イカの墨はねばりが強く、海中に吐き出した時、ひとかたまりのまとまった形になる。水中にただよって暮らすイカは、敵に見つかると、墨をおとりとして吐き出して敵の目を欺《あざむ》き、本体はすばやくジェット推進で遁走《とんそう》する。一方のタコ墨は粘り気が少なく、海中に煙幕として広がる。海底で暮らすタコは、煙幕が薄まるまでに岩穴などに隠れてしまって、敵の目を逃れるわけである。両者の暮らし方の違いが、墨のはたらきにも違いを生じているのだ。

また、イカの十本の腕のうち、二本は伸縮自在だ。エサをとる時には、その二本の腕で泳ぐ魚を捕らえて引き寄せ、十本のまん中にある口で食べる。この時に吸盤の吸引力だけでは捕らえ損ねることがあるので、吸盤の円周に角質の歯が並んでおり、引っかけて捕らえる仕組みになっている。イカの吸盤を口にすると少しジャリジャリした感触があるのは、この角質歯があるためだ。調理する折に、包丁の背で吸盤の並びをこすっておくと緩和できる。

一方のタコは、海底付近にいるエサを押さえつけて捕らえるので、引っかける角質歯はなく、二枚貝を引き開ける時には吸盤力を発揮させる。カニも好物だが、はさみを振りかざして暴れるとやっかいなので、墨にある種のアミン毒を含ませてカニを弱らせて捕らえる。このため、カニや魚など動くエサを食べているタコの墨には毒が含まれている可能性が否定できない。要注意だ。

なお、動くエサが乏しく、動かない貝類をエサにしているマダコの場合には毒を持たないケースもある。筆者は漁村をめぐる時に、岸壁に陸揚げされている「たこつぼ」を検分する。壺の口に縄をくくっている「徳利くくり」を使う漁場は潮の流れが弱く、貝を食べているタコが多いことから、タコ墨には毒が少ないと思われる。また、壺の後端で縄をくくっている「釣鐘くくり」を使う漁場は潮の流れが速く、岩礁地帯で動くエサを食べているタコが多いことから、タコ墨には毒が含まれていると考える。

どうしてもタコ墨料理を試みたい方は、こうした毒の有無に気をつけていただく必要がある。イカ墨より材料に絡みにくいという特性にも配慮が必要だ。なお、味わいはタコ墨の方がうま味は多いように感じる。ご参考に。

コウイカ、アオリイカ寄っておいで（二〇〇三）

春は藻場《もば》が繁る季節だ。ホンダワラは丈《たけ》を伸ばし、海面に達して横にも広がる。アマモ場も葉の密度を増して波にゆれる。海中にできた森の中で、さまざまな生物たちの暮らしも季節の変化を告げる。海藻や海草の葉の上には珪藻《けいそう》が付着し、それを求めるヨコエビやワレカラなどの小動物がもぞもぞとうごめき、彼らをついばむカワハギの子どもも寄ってくる。めずらしくなったタツノオトシゴやヨウジウオも一緒になって波にゆれている。

漁村の暮らしと、こうした藻場は切っても切れない関係にある。食用になるワカメやヒジキは漁村によっては解禁日を決め、村中こぞって利用したり、気ままに任せて家々の軒先に干しものを広げたりする。かつては食用にならない海藻類も浜に引き上げられ、貴重な肥料として活用されてきた。

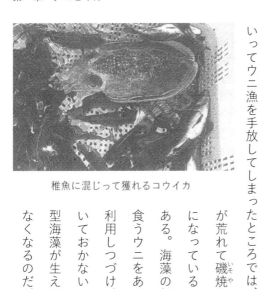

今日では一部の食用海藻以外は顧《かえり》みられなくなり、藻場の存在自体も漁村に暮らす人々の意識のうちから消えつつある。ウニをむくおばちゃんたちのいる漁村だと藻場も健全だが、ウニむきは面倒だといってウニ漁を手放してしまったところでは、藻場が荒れて磯焼《いそや》け状態になっていることもある。海藻の新芽を食うウニをある程度利用しつづけ、間引いておかないと、大型海藻が生えそろわなくなるのだ。

稚魚に混じって獲れるコウイカ

もちろん磯焼けの原因には、大きな規模の海況変動や有害物の流入なども考えられるところだが、いずれにしても大型海藻の森がなくなると、光は岩肌にまで届き、矮小《わいしょう》な石灰藻などの小さくてウニに食われない種類がはびこる。石灰質を身にまとうのだから、ウニも食いづらいことだろう。おまけに、この石灰質はぼろぼろと崩れやすく、大型海藻の胞《ほう》子《し》がついても成長すると根ごとはがれてしまい、藻場が形成されなくなる。遠い話のようだがウニをむく手間な仕事が藻場を守っていたともいえるのだ。

藻場が保たれていると何が良いかというと、そこがエサ場にも産卵場にもなるのである。真冬に産卵場として利用するアイナメをはじめ、春の磯をユーモラスに歩むアメフラシも黄色い素麺のような卵を海藻にからませる。初夏のアマモ場にはイカ類が卵を産み付けに来る。イカといってもスルメイカではなく、コウイカ類が多い。ミズイカとかバショウイカなど異名の多いアオリイカも同様だ。

従来は、産卵のため藻場に寄ってくるところを捕らえるのが一般的だった。そのため、ネズミ捕りのかごを大きくしたような捕獲器を用意し、その中に柴やスギ、ヒノキの枝を束《たば》ねて入れておく。するとアマモなど海草の根元の産卵場所が先客に使われてしまい寄り付く場所を失ったイカが、代わりの場所を求めて入り込むという仕掛けだ。

近年、埋め立て事業や海洋汚染の影響で藻場が衰退している。産卵場を失ったイカたちが沿岸をさ迷っているかと思うと切なくなる。一九八〇年代から瀬戸内海沿岸でのイカ漁は極端に少なくなったが、これには藻場の減少が直接的に響いていた。しかし、

二〇〇〇年前後からアオリイカの回遊が増えてきた。どこかの藻場が回復してきたのかと期待されている。具体的にどの場所と特定できるわけではないが、アオリイカが「まぼろし状態」から季節の話題として定着してきたのは、再生産の基盤がしっかりしてきたからにほかならないだろう。

瀬戸内海の危機に瀕して設けられた瀬戸内海環境保全特別措置法の制定から三十年あまりが経過した。目にあまる開発や汚染事件が少なくなってきた…というより、開発ブームが通りすぎて、自然の回復力が働く時間が経過する中で、あらためて海中の生態系が組みあがってきたのではないだろうか。

明石市の海岸でも、海岸浸食防止のために設けられた離岸堤が岸との間に静穏海域を生み出し、はからずもアマモが再生する場所を提供している。風浪による浸食に任せたままの海岸だった時代には、漁

港の石積み堤のかげにわずかに生えていただけのアマモが、何百メートルにもわたって藻場を形成するとは思いも寄らなかった。

春の四、五月、ほんの水深一、二メートルの藻場にもぐって観察していると、イカの卵塊《らんかい》が見つかる。白いものや黒いものがあるが、これは種類のちがうイカが産み付けているのだろう。こうしたイカの産卵場が確保されることは、イカ資源の維持において大切であるのはもちろんだが、比較的容易に観察できる自然環境教育の素材としても注目される。

沖縄の「コブシメ」と呼ばれる巨大なコウイカ類の泳ぐ姿は映像資料などで見ることがあるが、身近な瀬戸内海でも、そんなイカたちの暮らしがあることを知れば、海への見方が変わるのではないだろうか。

アマモの葉を見ると小さな気泡をたくさんつけていた。酸素を生み出しているのだろうか。根元にはアサリの呼吸孔が見える。アマモの葉がたくさんの有機物を生産しつつ、海中に酸素を提供する一方、アサリは有機物の恩恵を受けながらアマモの根元を耕して、共生関係を築いているのではないだろうか。アマモの根元のアサリは大粒で味が良い。しかし、すべて獲ってしまうのではなく、アマモ場の管理係としても残しておきたいものである。

そういえば、日本海で定置網漁業を営む古参の漁労長は「条件の良い場所だと、他から回遊してくる魚やイカを狙って網を仕掛けるが、それが期待できないときには近くの磯に産卵に来る獲物に狙いを向ける」と言っていた。その場所はアオリイカが産卵に来る場所だったので、定置網の岸寄りの海底にヤマモモの木の枝を束ねて沈め、産卵を終えて去っていく親イカが網に入るよう誘導するという技法を教えてくれた。

もちろん、これを聞き出すために一升瓶が何本も犠牲になったことは言うまでもない。彼は柴づけ漁ともいわれる、産卵に来た親イカを卵ごと獲ってしまう漁法は嫌だと言う。イカを売るとき卵代は入らないから、産み終えてから獲れば、あとで生まれた子どもが来年もやって来てくれると、誇らしげに語っていた。

近年、藻場が失われつづけてきた瀬戸内海など沿岸域の環境を再生するために、藻場の再生が事業化されつつある。単に海藻が生えておれば良いというのでなく、こうした生き生きした営みとつながった生態系が組み上げられることを願いたい。そこに漁師ばかりでなく、海を愛する地域の目が注がれることを期待したい。

第二章　魚たちと海の生態系

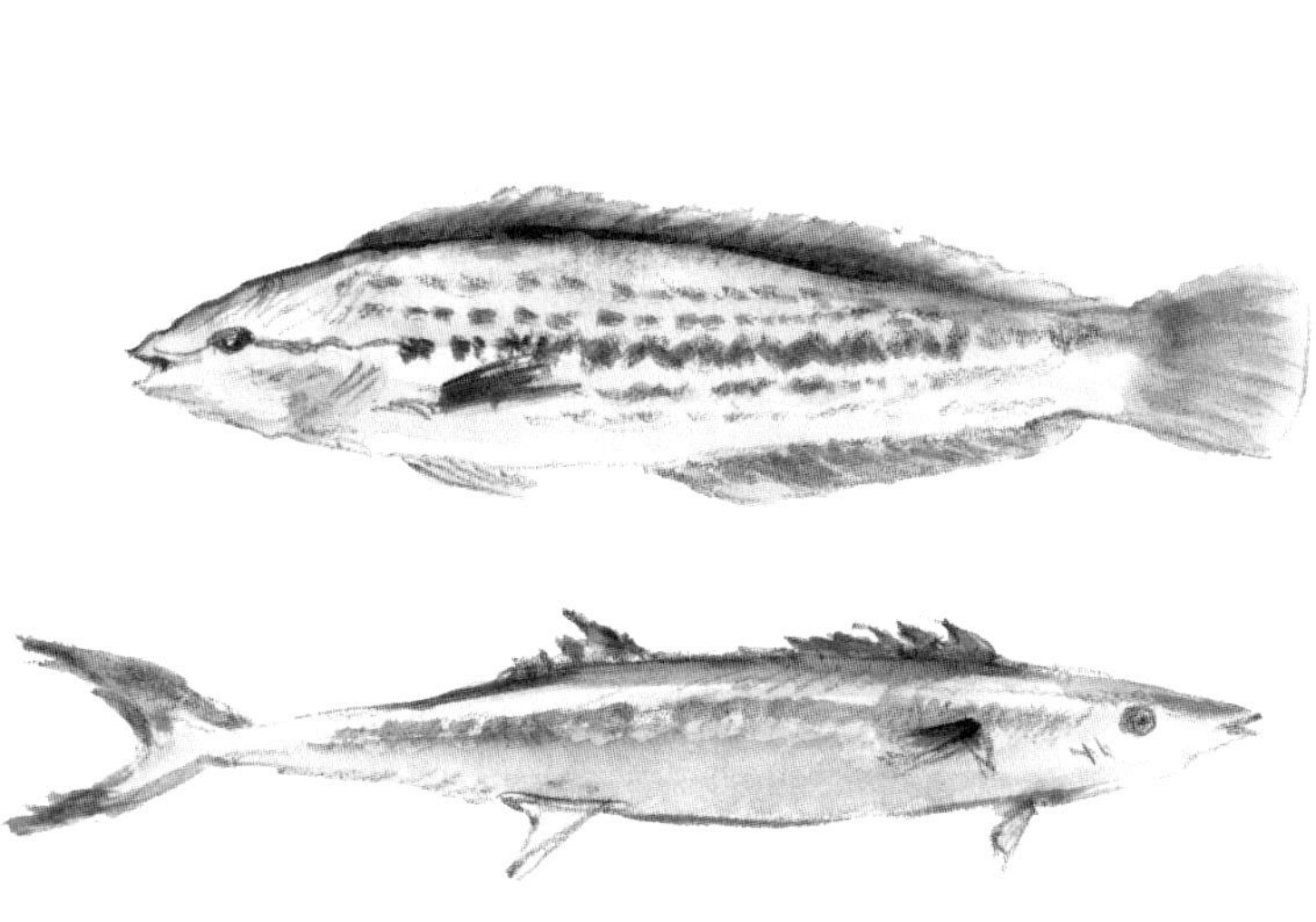

寒鰆《かんざわら》（二〇〇一）

「魚は旬を食うものだ」と言われる。ものの本によると魚の旬は「一年のうちでその種類が一番脂の乗るとき」で、産卵期や冬を迎えて栄養を蓄えたときのことを言う。その通り、旬の魚を食べる機会に恵まれると、なるほど脂が乗ってうまいと感じることが多い。サンマは「秋刀魚」と書いて、なるほど秋にうまい魚だ。

　では、魚偏《うおへん》に春と書く鰆《さわら》はどうだろう。瀬戸内海の風土記などを見ると「春の祭りに欠かせない」とあるから、やはり春が旬なのだろう。しかし、どこかの漁港で「サワラはなんといっても『寒鰆』の秋から冬だ」と言ってきかない漁師たちがいた。

　サワラは、マグロやカツオよりは沿岸近くを回遊するサバ型の大型魚だ。海の表層を高速で泳ぎ、イワシやイカナゴを好餌《こうじ》とする。四月の終わりから五月頃に瀬戸内海に入ってきて産卵場を求める。

サワラ（鰆）

　一メートル級で腹の太った雌《めす》サワラからは、両手のひらに余るほどの腹子（卵）がとれる。「からすみ」といえば一般的にはボラの卵巣を乾燥させたものだが、このサワラの卵巣も立派な「からすみ」に仕立てることができる。瀬戸内海では、ボラは卵をもたないとされていて、サワラが代役として重宝されてきた。

　産卵後いったんやせてしまうのはマダイと同じで、夏には関心が薄れるが、秋になり、冬が近づくにつれて脂が乗り、体に張りが出てくる。身の締まりという点では、春は少しぶよぶよした感じで、秋から冬のもののほうが締まりは良くなる。身の締まりは、サワラの運動性にも関わってくる。春は腹ボテで動きが鈍く、秋ははつらつとしてすばやい動きをする。漁獲方法が発達していなかった時代には、秋のサワラはすばしっこ過ぎて、漁がむずかしかった。それに対して、春は産卵を控えて群れをなし、動きも鈍いのだから漁獲も容易だったのだろう。たくさん獲れる時がみなで味わえる時だから、祭りの素材として重宝がられて、春の魚として理解され、定着してきたものだといえる。

サワラの本当にうまい時期は春か秋かというと、何をどのように食べるかによって異なる。腹子も旨ければ白子も旨いし、身も酢や味噌で締めれば上物であるという総合力では春がまさるだろう。しかし、秋から冬は、生殖器官にエネルギーが行かない分だけ、身に栄養が回っている。引き締まった身の味としては秋がまさるゆえんだ。

旬については、もう一つの見方がある。近くで獲れた時が旨い時だという考え方だ。魚の鮮度保持技術が今ほど進んでいなかったころは、船の速度もずいぶん遅かった。遠くの漁場で獲れたものを時間をかけて持って帰ってくると、その間に鮮度が落ちて味を損なってしまう。一方、目の前の海で獲れる時には鮮度を損なう前に水揚げできるから、新鮮な旨さを味わうことができたわけだ。その時代であれば、季節による魚の商品価値の変化より、どこで獲れるかの方が大きな問題だったといえる。だから、魚群がその地方を訪れる時期が旬になったケースもある。

十数年前だと、サワラといえば味噌漬けしか思い浮かばなかった時代もあった。しかし今では、サワラは刺身や鮨ネタのエースへと変身してきている。このため、魚価がはねあがり、ちょっと手を出せない高級品になってしまった恨みもあるが、少ない資源を大切に味わうには、こんな工夫も必要だろう。

漁業の側が量から質へと考え方を改めたところでは、その価値を高めるために漁獲方法を工夫し、扱い方に心を配り、どのような提供の仕方が消費者に喜んでもらえるかを研究している。焼き魚だったサワラの刺身商材化への道は、網漁《あみりょう》から曳《ひ》き釣りへの漁業の変化でもあった。網漁には、かすみ網のような見えにくい網をサワラの遊泳層に広げ、網の目に首を刺して逃れられないようにする流し網漁や、同じような網を二隻の漁船で操ってサワラの群れを押し包むように捕らえる「はなつぎ網漁」があって、いずれもサワラを大量に捕獲できる。しかし、サワラのやわらかい身が崩れやすくなってしまう漁法だった。このため、網漁で獲ったサワラは、塩と味噌で身を締めて焼き物にまわすようになっていた。

一方、釣りによる漁獲では海面から引き上げるところから慎重に扱う。船の甲板にバタンと獲物を落とそうものなら、それだけで身割れしてしまうので、首のすわっていない赤子を抱くようにそっと取り上げ、じたばたする前に首根っこに包丁を刺して締める。泳いでいた姿のままに身を打つことも、身を曲げることもさせず保冷ケースに収めるのが漁師の腕の見せどころだ。実際、同じ漁場で同じ大きさのサワラを釣ってきたとしても、漁師の腕の信用度で値段は何倍もの違いを生む。サワラが一匹三万円もするというのは、焼き物にしていた時代には考えられないことだろう。

サワラは旨い魚で、瀬戸内海の恵みである。その減少の理由としては、海砂の採取によるイカナゴの減少というエサの問題もあれば、乱獲の問題もある。

一九八〇年代のサワラが豊漁だったころ、播磨灘では流し網が十重二十重に張り渡され、産卵に来るサワラに逃れる道はないほどに見えた。漁業許可が漁獲能力の劣った時代から変わらずに免許され、最新の技術と物量で資源を苛《さいな》んでいるようだ。資源に見合った食文化や漁業規制が求められている。

サメを食う（二〇〇一）

二〇〇一年、久しぶりにスナメリを見た。播磨灘北部の加古川河口に近いところだ。

何年も前のことになるが、瀬戸内海にホホジロザメがあらわれて大騒ぎになったことがあった。あの時は播磨灘北部の海岸に半身を食いちぎられたスナメリが打ち上げられ、恐怖をつのらせた記憶がある。そのとき以来、スナメリを見かけることが極端に少なくなり、心配していた。時折、イルカの群れがあらわれて慰めてくれるのだが、海面に姿をあらわしたときの背中に背びれが見えると、イルカには悪いががっかりしたものだ。小型のクジラに分類されるスナメリには背びれがない。

その敵討《かたきう》ちではないのだが、サメを食う機会が増えてきた。瀬戸内海でも「のそ」と呼ばれる小型のサメはよく水揚げされる。体長一メートル内外で、大物でも二メートルもいかない。ドチザメやホシザメ、シロザメなど小魚を餌とする比較的おとなしい種類で、この連中が人を襲うことはない。

「のそ」はそれらの総称だ。普段は区別されないが、味にうるさい人のあいだでは、ホシが一番うまくて、シロ、ドチと続くという。他のサメ類ほどアンモニア臭が強くないのが取り柄で、湯引きにして酢味噌にするのが定番になるほどだ。ほかにネコザメという種類があって、これが一番うまいといわれている。

十数年前なら明石で水揚げされても魚屋も引き取らず、漁港に打ち捨てられることもあった。そこで、筆者がひそかに持ち帰り仲間内で食っていたのだが、その味を新聞コラムに紹介したがために知れわたり、西洋料理の店などが触手を伸ばしはじめた。その結果、ただ同然だったものに値がつきはじめ、とうとう明石ダイより高値がつく日も出る始末。内緒にしておくのだったと悔やむこの頃である。

料理のコツは、なによりも生きているサメを使うことである。死んで時間がたつほどにアンモニア臭がひどくなるので、生きたものを使うのがおいしく食べる出発点だ。生きたサメの頭に包丁を入れて締めるのだが、軟骨魚類だからか、身の元気さはなかなかおさまらない。大鍋に湯を沸かして活かったまま熱湯につける。二三分で取り出して皮をこそぎとる。うまく皮をとれるかどうかは湯につける時間が問題で、短いとうまくはがれないし、長いと身に火が通ってしまい、ほろほろと崩れやすくなる。皮をとったあとで頭と内臓を取り除いて三枚に下ろす。細切りの刺身にしてザルに入れ、もう一度熱湯にくぐらせて冷水にとり「湯引き」にする。

不幸にして死んだサメが手に入ったときには切り身にし、香りが強めの油で焼いて香辛料を加えたソースで調味する。くさいと不評のブラックバスを料理するのと同じ手法だ。もちろん鮮度がよければ、加える香りも控えめにすることができる。

明石では他の高級魚が豊富で、あまり見向きされてこなかったサメではあるが、中国地方の内陸部では「わに料理」として欠かせない食材に位置づけられている。看板を見て爬虫類《はちゅうるい》のワニが食べられるのかと驚く人もいるが、因幡《いなば》の白兎《しろうさぎ》に出てくる大きな口と鋭い歯並びを想像すれば名称にも納得がいく。ぷんとただようアンモニア臭は、生での保存性が良い理由でもある。他の生魚が腐ってしまうような時間がたっても、サメの肉は腐敗しない。山間部の生魚を届けられない地域では、サメがブロック肉として流通している。とくに祝い事などハレの日には欠かせないという。

魚の生食に対する日本人の情熱は他国からは奇異に見えるらしいが、海から離れた山村にまでそれがあるかと思うと、同じ日本人としても驚く。昔、南方の島々から日本に渡ってきたであろう海人たちの習慣が、列島に定着して陸化していく中でも、残っていたのだろうか。

サメを食うというと、フカヒレを忘れるわけにはいかない。中華スープにひたったフカヒレの姿煮を見ると、その艶《なま》めかしさはもちろんのこと、肌のつやがよくなるというコラーゲン効果も期待され、つい頰《ほお》がゆるむ。

俵《たわら》もの三品というと、干しナマコ（イリコ）、干しアワビ、フカヒレを指す。江戸時代の長崎貿易の重要な交易品で、幕府の直接管理のもとにあったといわれる。中国のゼラチン食に対する強いニーズが生み出した食材だが、いずれも日本でのそれぞれの原材料の食べ方と大きく違うところがおもしろい。広大な中国大陸に伝えるには、保存性の高い乾物にする必要があったのは確かだが、それをまったく食感のちがう食べものにつくりかえてしまうところに中国料理の偉大さを感じる。

手のひら大の姿煮になるフカヒレは、団扇《うちわ》より大きなサメのヒレからつくられる。一度乾燥させてから湯に通して皮をむき、乾燥させて戻しては余分な脂や筋を除くという作業をくりかえし、金糸銀糸のような姿に磨き上げられる。驚くほど手間のかかった食材だ。

大きなヒレほど値打ちがあるとされるため、大型のサメから犠牲になる。マグロ漁の邪魔物だった大型のサメだが、ヒレにだけ値打ちがあるものだから、海上で捕獲してヒレだけ切り取り、身は捨ててしまうという行為を生んできた。クジラ、イルカ、マグロと続く日本バッシングの材料にも顔を出している問題だ。


身のほうは、時間がたつとアンモニア臭が強くなるため、かまぼこなどの材料になるすり身には利用されるのだが、限られた船倉には高価なマグロを詰めこみたいので、サメの身はやっかいもの扱いされていた。最近では、漁獲されたサメを丸ごと持って帰るようになったようだ。漁港に水揚げされる折にヒレと身が分けられ、それぞれの加工屋に引き取られていく。

近畿では和歌山県南部の勝浦が産地として知られている。瀬戸内海の小型のサメでは、名刺大のフカヒレしかつくれないが、手間をかけてやってみると苦労の代償は十分にある。ただし、何やかやとひと月はかかるので、再々は試みられない。すぐにフグのヒレに走って、ヒレ酒におぼれてしまう。このあたりが中国の人との違いかなと感じるところだ。

追記　ナルトビエイ騒動

各地でアサリの激減が話題にのぼっている。その原因の一つにされているのがナルトビエイの食害だ。

ナルトビエイの目撃については、二〇〇〇年前後から各地で報告があり、温暖化にともなって分布域を北上させているように思われる。沿岸から河口域まで来遊し、アサリやタイラギなど貝類を貪食《どんしょく》して数十キロの巨体にも育つ。

以前から、クロダイがアサリの水管を食いちぎっていくことや、ツメタガイという貝を食う巻き貝の存在などが知られていたが、温暖化によってナルトビエイの活発化が目につくようになってきた。

アサリ漁場などではナルトビエイの駆除が行われているが、重量級であり、刺網程度では漁具ごと損壊させられかねないほどのパワーがあるので、現場の苦労は続いている。しかも、ナルトビエイは軟骨魚類特有のアンモニア臭がすることから、食用には不向きとされていて、捕獲後の処分にも困っていた。

しかし、鮮度の良いものだとアンモニア臭は少ない。その事実から、尿素をアンモニアに変換する酵素は8℃以下だと働かないことが判明した。捕獲後すぐに※水氷《みずごおり》で冷却し、8℃以下に保つことができれば、食用にすることも可能だ。ぶつ切りにして唐揚げや南蛮漬けにすれば楽しめる。人間が天敵になれば、ナルトビエイ退治は容易になるだろう。

※水氷……漁師用語。「水のように流れる氷」のこと。

秋告げ魚（二〇〇二）

二〇〇二年も天候異変が続いている。世界各地の大洪水もさることながら、わが目を疑う日本の季節変化を感じる日々だ。梅雨の前に夏日が続き、衣替えを済ませると梅雨寒が戻ってくる。夏の盛りのお盆には本州の南岸を台風がすり抜け、時ならぬ秋風、いやところによっては時雨《しぐれ》さえ降らせていった。秋の訪れも早そうだ。

「春告げ魚」とは北海道ではニシンをいい、関西ではメバルやイカナゴを指す。春の訪れを目にも口にも教えてくれる魚たちだ。では「秋告げ魚」というのはどうだろうか。広辞苑には「春告げ魚」しかのっていない。だいたい「秋告げ魚」などという言葉もないらしい。「秋」は風の音に聴くものらしい。

しかし、秋を教えてくれる魚だっているわけで、サンマ（秋刀魚）を思い浮かべる人が多いだろう。お盆休みにスーパーマーケットをまわると、早々と新サンマが一匹三〇〇円で氷詰めにされて登場していた。まだ、千島列島あたりだろうか、群がいるのは。

瀬戸内海ではどの魚だろうか。明石ではツバスの名を挙げたい。出世魚であるブリの若魚だ。モジャコ、ワカシ（ワカナ）、ツバス、ハマチ、メジロ、ブリとくる。地方名も多く、該当するサイズも地域それぞれで混乱することが多いが、体長三〇センチから四〇センチほどのものをツバスと呼ぶ。これが八月下旬の最高水温期に外海から瀬戸内海に入りこんでくる。水温が平年より高いときには、シオと呼ばれるカンパチの若魚も混じってくることがある。外洋の塩分の高い海水が入りこんでくるときには、ヨコワと呼ばれるクロマグロの若魚もやってくることがある。秋風が吹きはじめ、水温が下がりかけるころの登場だから、ツバスは瀬戸内海に秋を告げる先駆けといえるだろう。

漁法にしても、夏のあいだのアジ釣りが、船をただよわせての縦釣りであるのに対して、ツバス釣りはトローリングによる流し釣りが多くなる。沖を眺めたときの漁船の動きにも変化が出るのだ。

釣り以外では、底引き網に秋の訪れを知らせてくれるのが「ごうはぎ（カワハギ）」だ。ウマヅラハギではなく、丸ハゲと俗に呼ばれるカワハギのほうである。手のひらサイズにも達しないテーブルコースター程度の大きさの色黒いものが、大量に底引き網に入る。刺身や煮つけにするにはほど遠くても、皮をむいて掃除すれば味噌汁のネタには上等だ。

夏の時期、浅瀬の藻場で海藻のあいだに隠れていたものが、日差しの照りこみでいたたまれなくなり、藻場をはなれて深みに下りてくる。日のあたる浅場にいたから色黒になっている。それが、網を逃れる隠れ場のない海底に下りてくるのだから、底引き網にかからないわけがない。藻場が最高水温に達する八月の終わりから底引き網で獲れるようになるので、原因は夏のことだが、結果的には秋の訪れを教えてくれる仕組みといえる。

このほかに秋になると活発になるのはタチウオ釣りだろうか。港の堤防からでも釣れることから、残暑の夕涼みがてら連日訪れるファンも多い。

それと、岸壁や磯釣りでエサとりの小魚が増えるのもこの頃だ。おなじみのアミメハギやスズメダイ、クサフグにイシダイ、メジナの若魚がいる。これら数センチサイズの小魚が群れをなして水面下を占拠し、深みの大物を狙う釣り人のエサをあざ笑うかのように掠《かす》め去っていく。

こういった小魚たちを小さめの道具で釣りまわり、しっかり楽しんでいる子供たちのほうが釣果が上がることが少なくない。これならいくらたくさん釣っても、食べさえすれば文句はないだろう。ただ、毒があって食べられないクサフグなどをむやみに堤防の上に捨て去るのはいただけない。海に返すか、持ち帰って土に埋めるか、処分方法も考えてほしい。

個人的には秋の訪れをカニに感じる。瀬戸内海でカニといえばガザミ、いわゆるワタリガニだ。ガザミの産卵期は夏。「ガザミ増やそう会」の活動は、夏に三度の産卵を行なうガザミを保護し、捕まっても甲羅に「とるな」とサインをして放流するものだ。これで何万という稚ガニが泳ぎだすことができる。そして産卵期が終わる秋口には、ガザミの親は脱皮するので、先の「とるな」サインが消えたものが獲れる。秋が深まるにつれて身の入りが良くなりうまくなる。産卵保護の期間を抜けたときから食べられるので、これが秋の訪れを告げてくれるのだ。

中国では上海ガニが秋を告げる。二〇〇二年九月の前半に上海を訪れたのだが、残念なことに上海ガニの解禁は九月の下旬。私が立ち去る次の週からなので、この年も悔しい思いをした。上海ガニは海産ではなく淡水産のカニで、水田のような池で養殖されている。悔しいものだから養殖池だけでも見てこようと、蘇州から南京あたりまで足を伸ばしてその姿を求めた。

主産地は大消費地である上海に近い江南の水郷地帯だが、そこは出荷直前の十分成長したものを出荷調整のために畜養しているところだ。エサを与えてどんどん成長させるところは、蘇州から太湖にかけての上海からは少し離れた地帯だ。さらに、親から稚ガニを生ませ、数センチまで育てる種苗《しゅびょう》生産の場は、南京の近くにまで広がっていた。

要するに広い池が必要で手間と人件費のかかる種苗生産は、遠くの安いところで賄い、収益性の高い出荷用の最終生産は消費地の近くで行なって、市場の動向に合わせられるようにしているのだ。こうした上海ガニの生産の仕組みは、九月下旬の解禁とともに、どっと押し寄せる観光客をとらえ、収益性の高い市場を生み出している。

南京近郊の上海ガニの種苗生産地。
水草の中に2、3センチの稚ガニがいる。

振り返って私たちの瀬戸内海はどうだろう。

「ガザミ増やそう会」の活動や種苗放流の成果で、ガザミ資源はなんとか維持できているようだ。しかし、売り先の市場をどのように運営するかという商売上の要《かなめ》を押さえていないものだから、海外産のカニたちに市場を奪われている。

資源維持にも一番役立ち、おいしく食べられる季節性を持ちながら、瀬戸内海のワタリガニがどうして大きな市場を形成できないのか。持続的な養殖を含めた供給体制をとれないのか、考え直してみる必要があるのではないだろうか。

秋を告げる上海ガニを食べられない悔しさから、妙な愚痴になってしまった。

キュウセン（ベラ）ものがたり　（二〇〇六）

瀬戸内海の夏の風物詩は五目釣りである。五目とは、ベラ・キス・小ダイ・カレイなどいろいろな磯ざかなを対象にする釣りで、海底地形と潮流の変化に富む瀬戸内海にお似合いの釣りの楽しみだ。

潮の速い岩場だとカサゴやキジハタ（アコウ）などえらの張った岩穴に潜む種類がおり、砂地になるとカレイをはじめキスやベラが群れ、藻場にはアイナメやウミタナゴ、磯根があればメバルや小ダイが集っている。小船を潮のままに漂わせ、流れるままに変わりゆく海底地形をさぐり、その場に合わせた釣り方で楽しむ。まるで瀬戸内海と語り合っているようなひと時となる。

夏目漱石の『坊ちゃん』の中で、主人公が小船で松山沖に出て五目釣りをする場面がある。釣れたのはゴルキという「金魚のような縞《しま》のある魚」。これはベラの一種で標準和名はキュウセンという。岡山から芸予諸島あたりではギザミとも呼ばれる。

関東や外海側ではまずい魚とされるが、瀬戸内海ではキスと並んで欠かせない味になっている。これには、生息する砂地の栄養状態が影響するものと思われる。白砂青松《はくさせいしょう》の瀬戸内海といえども、外海と比べると栄養は豊富である。ただ東京湾のように栄養は多くても泥臭くてはいけない。瀬戸内海の激しい潮流が豊富な栄養分に十分な酸素を送りこみ、プランクトンがよく繁殖することが大切なポイントなのだろう。

その点でいうと、大阪湾の相次ぐ埋め立ては、栄養分を限られた海域に閉じこめるという結果をもたらしている。肝心の潮の動く明石海峡などに栄養を届かなくした罪は大きい。ノリの栄養不足による色落ちに続き、この春はイカナゴがやせて困った。次は、こうした五目釣りの対象種か、あるいは名物の明石ダコに影響が出るのか、心配はつきない。

さて、そのベラ（キュウセン）の姿がよく目に触れる季節になってきた。寒さに弱いので冬のあいだは砂地にもぐって冬眠をしている。六月にもなると、逆に暑さに弱いイカナゴが砂地にもぐり始めるので、ベラもおちおち寝ていられなくなる。追い出されるように砂から出て、金魚のように着飾ったベラたちの恋の季節が始まるわけだ。

ベラ科の魚は性転換することが知られていて、キュウセンも不思議な生態をもっている。体長が一〇センチくらいまでは赤ベラと呼ばれ、うす赤い数本の縞模様にくっきりと黒いストライプが目立つ。尾びれは黄色が特徴だ。また成長して十五センチ以上になると青緑色が強くなり、黒いストライプはぼやけてくるが、胸びれの後ろに黒い斑点が目立つようになり、青ベラと呼ばれる。

この青ベラはすべてオスである。成長するとメスからオスに性転換するのだ。とはいえ赤ベラがすべてメスかというとそうでもない。から揚げか南蛮漬けにしようとせっせと腹を出して調理していると、卵が出てくることが多いが、時おり白子（精巣）が出てくることがあって驚いたものだ。

専門家に聞くと、この赤ベラのオスを一次オスといい、メスから性転換して青ベラになるものを二次オスと呼んで区別しているという。成長にともなうホルモン分泌の変化によって体色や生殖巣が変わるのだろうが、これは行動生態にも波乱を呼ぶことになる。

青ベラは一人前になると数匹のメスを従えてハー

レムをつくる。ほかの青ベラが寄ってくると必死に追い散らしにかかるから、相当に嫉妬深い存在だ。自分の子孫を確実に残すための努力なのだろうが、実はそこに落とし穴がある。ハーレムの主《あるじ》は青べラには攻撃的に出るが、赤ベラが群れに出入りすることには寛容だ。このため、いざ産卵というとき、主である青ベラが放精する前に、赤ベラのふん装で群れにまぎれこんでいた一次オスがちゃっかりと子孫を残す行動に出ることがあるのだ。

ボンベを背負って磯にもぐり、岩場と砂場の間に身を潜めていると、このような場面に出くわすことがある。魚のことではあるが、わが人の世と似たような悲喜こもごもが展開していることに感動すら覚える。

このように磯を観察していると、ほかにも面白い場面が見られることがある。キュウセンは好奇心旺盛な魚だと言われる。実際、海水浴場などで泳いでいる人の足を突いたり、まとわりついてくることさえある。これを擬人化してみると、人懐っこい性格と見えるのだが、なんでも人の考え方や行動に引き写して考えてしまうのも問題があるだろう。

磯観察では、キュウセンは別の小魚の後を追尾したりもする。その小魚は、砂の中のエサを探り出す種類で、時おり砂を巻き上げてくれる。それに付き添うキュウセンは、その舞い上がった砂煙の中から自分のエサを見つけ出して、ちゃっかり食事をしているのだ。

私たちの足元についてくるのも、じつは私たちの足が砂を舞い上がらせ、そこにエサがあらわれることを期待して寄ってきているわけで、遊んでほしくてまとわりついてくるのではないことは理解する必要があるだろう。足を突きに来るのも、私たち自身にちょっかいを出しているわけではなく、すね毛についた気泡などをエサとまちがえて突いてくるのではないだろうか。まといつかれて邪険に追われるのも、先のハーレムを仕切る青ベラに追われるのに比べれば、些細《ささい》な出来事なのかもしれない。

　このように、危機意識のない魚と思われるキュウセンだが、彼らにはすばやく身を隠す忍術がある。一瞬身をひるがえすとそのまま砂にもぐって隠れてしまう「土遁《どとん》の術」だ。彼らの天敵である多くの魚食魚は、砂の中まで追ってくることはなく、砂にもぐりこみさえすれば助かるわけだ。砂浜ばかりでなく、岩陰の磯に群れていることも多いのだが、キュウセンのいるところには必ず砂場がある。

　例外はタコだ。貝やカニをエサにしていると思われがちなタコだが、明石ダコなどマダコ類は岩穴にひそむ魚ばかりか泳ぐ魚さえ捕らえて食べてしまう。そんなマダコの目に止まったキュウセンは、砂にもぐっても餌食にされることがあるようだ。

　砂場に砂煙が上がり、その後からタコの泳ぎ去っていく姿を見ることがある。そんな時は、砂煙のしずまった後に魚の肉片や小骨が散らかっていて、騒動の跡を示している。マダコの方が襲われたときには、墨を吐いて煙幕にするので、立場の違いははっきりわかる。

　明石は魚どころといわれ、活け越しの技法で魚のうまさを引き出すのがうまい産地だ。「金魚のような」と茶化されるキュウセンだが、十五センチから二〇センチ級の青ベラなら、活け越しでキス以上の味になるといわれる。漁獲された青ベラを生け簀に収容し、丸一日か二日のあいだエサ止めして清水に生かしておく。するとやわらかい白身が締まってきて、青臭さも消えてうまい刺身になる。

　釣り人のなかにはエサ取りの邪魔者扱いする人もいるが、磯のサバイバル術についても教えてくれる海の幸として大事に付き合いたい。

ウナギをめぐって　（二〇〇八）

　土用の丑の日というウナギ受難のころから偽装事件が次々と明るみに出て、話題になっている。表示の偽装だから、だます方は明らかに詐欺を意図している。だまされる方にしても、そんなに安い品物がホンモノであるかどうか判断する力さえなく「表示を信じて買った」などと無責任に愚痴をこぼしている。

　政府にいたっては「消費者行政が問われている」とばかりに、新しい行政組織をつくろうとしている。組織や規制ができたからといって、こうした偽装表示がなくなるとも思えない。無防備な消費者を育て、それを食いものにする業者を規制緩和で野放しにしてきたツケが出ていることに気づくべきではないだろうか。

　私たちはどのようなウナギを求めてきたのだろうか。いままで食ったウナギで一番うまかったと思うのは、ある川漁師のところに取材に行ったときのことだった。アユ漁がテーマだったのだが、その合間に晩のおかずだと言ってウナギ獲りにも連れていってもらった。夜のあいだに川の岩場に仕掛けを入れておき、朝にかかったウナギを手に入れるという単純なものだったが、感心させられたのはそれをすぐに調理しようとはされなかったことだった。

一週間の取材の二日目にウナギ漁に行ったのだが「帰る日までには食わす」というだけで、いつ食べさせてもらえるのかわからない中途半端な気持ちに置かれた。初夏のウナギといえば考えただけでもよだれが出てくるのだが、それがお預けを食わされるのだからたまったものではない。腹の虫がなりつづける日々だった。

捕まえたウナギは漁家の井戸そばの水槽に入れられ、断食をさせられていた。よく見ると井戸からきれいな水が水槽に注がれて、中の水が順次浄化されていることがわかった。のぞきに行こうとすると、ウナギが落ち着かなくなるとたしなめられて指をくわえるばかり。それから三日のお預けのあと、漁師はそのウナギを締めて、開き、串を打って炭火で焼いてくれた。開いたときに取り出したウナギの骨を炭火であぶり、それに酒としょう油を加えてたれをつくってくれた。炭火でじっくり焼かれたウナギは身から脂がプチプチと噴出し、それが小さな火花となって身を焦がしていく。脂とたれのこげた匂いに否が応でも食欲をかき立てられる。

ウナギをさばき始めて一時間半、捕まえてきてから四日目という焦《じ》らしに焦らされたあげくの蒲焼きは、プリッと弾力があり、噛みしめると皮から香ばしい香りが鼻に抜ける。熱い、甘い、ほろ苦いなどのうま味があって、舌の上で跳ねまわるという不思議な混合技を楽しんだ。蒸しをかけていない関西風の焼き方なのに、皮が口に残らないやわらかさで、しかも食感と風味をたっぷりと楽しませてくれるものだった。

漁師は「うまいのは当たり前だ。あれだけ腹をすかされたらなんでもうまいだろう」と茶化すのだが、元気の塊の天然ウナギを水槽の中で絶食させ、あえてやせるほどに清水で活け越した技は、明石のアナゴ屋の仕事に似ていた。元気なウナギの皮を活け越しで弱らせて、泥臭さのないやわらかい味わいに仕立てていったのだ。おそらくウナギの顔を見定めながら食べごろを探っていってくれたのだろう。

　そんな手間ひまかけたウナギなどめったに口に入らないものだが、スーパーで蒲焼が一枚千円もしない世の中になったのは、いつ頃からだろうか。筆者が若かった三十年まえにはウナギなどスポンサーがつかないと食べられないものだった。それが二〇〇〇年ごろからだろうか、居酒屋のメニューに入ってきて、コンビニのお弁当にも、牛丼チェーンのメニューにもウナギが入りだしたのを印象深く覚えている。

　そういえばウナギの蒲焼業界が中国シフトに走り、以前のように生ウナギを輸入するのではなく、現地で蒲焼きにしたものを輸入するようになったのもその頃のことだっただろうか。一九九〇年代の中国では、現地でよく食べられていたタウナギなどは、開かずに丸のままぶつ切りにして調理されていたものだ。それが二〇〇〇年を過ぎたころからは、小さいながらも開いた姿で自由市場に並べられているのに感動した覚えがある。ウナギを開いて調理するという食文化が、技術とともに日本から中国に移転していったようだ。

　はじめのころは技術が不確かで、仕上げの姿を見れば日本の職人技とははっきり違いが見て取れたが、そういえば最近は遜《そん》色《しょく》がなくなっている。日本の加工場で働いているのが外国からの労働者に置き換わってきたから、その意味で変わりがなくなってきたのかもしれない。日本でうまいウナギを食いたければ、やはり食道楽の評論ばかりでなく、実際自らさばいて関わる努力も必要なのだろう。

そんな話をしていると、表示偽装問題から消費者の味わう力に話が及んできた。テレビのグルメ番組で毎週のように流されている「脂が乗って、とろけるようにうまい」という表現にはうんざりするのだが、こうした味が「一番うまいもの」と洗脳されているのではないだろうか。消費者としても表示やブランドばかりに神経をとがらせるのではなく、目を閉じてものの味を舌と鼻で感じ分けてほしいものだ。

脂が乗って、とろけるようにやわらかいウナギというのは養殖ものである。栄養価の高い飼料で育てられ、蒸しをかけ、蒲焼きにした上で、冷凍保存されたものを温めなおしたものにほかならない。テレビのタレントさんの演技がうまいのか、それがおいしい味であるかのように頭に刷《す》りこまれるのが怖いものだ。

たまには一匹三千円あまりという天然ウナギの蒲焼きを川魚料理屋さんで食べておくと、量販店のウナギが別物だと分かるのに…。とはいえ、偽装がまかり通るというのは、まっとうな仕事をしている魚屋さんにとっても迷惑なことだ。流通業界にしても信用の失墜《しっつい》につながるから困るのだろうが、ブローカーに依存した品揃えをしないと安売り競争に生き残れないスーパーなどの食品販売業界の弱みも見え隠れする。

全国の魚屋さんの数が三十年前の四万店規模から半減し、今では二万店程度にまで少なくなってきているという。さらにまだ減少は続くようだ。魚の目利きのできるプロを廃業に追いこみ、手軽に気楽に買い物ができるスーパーを選んだのは日本の社会だ。そのツケとしての不信や不安は、甘んじて受けなければならないだろうと考える。それを避けて、安心できる魚を手に入れようと思うなら、新たに制度や法律を整えたり、社会的なコストをかけて管理するより、地域の信頼を背負えるプロの魚屋さんに蘇ってもらうほうが確かではないだろうか。瀬戸内の小魚もそうしたプロに売ってもらうほうが、生き生きと食べてもらえるのではないだろうか。

ニベから膠《にかわ》（二〇〇八）

手描き染色をされている方とお話したとき、金粉を使う場合には布に定着させるのに「にかわ」を使っていると聞いた。「にかわ」というのは獣や魚の骨や皮、腱《けん》や腸などの内臓を水で煮て、その液を乾かして固めたもので、主成分はゼラチン（タンパク質）だ。もちろん食品としてゼリーにも使えるだろうが、半透明で弾力性があり、熱を加えると溶けて、低温になると固まる性質から、その粘りを利用して接着剤にも用いられる。

いま話題のコラーゲンと言ったほうが通りがよいかもしれない。接着剤を食べるの？　と心配される方もいるかもしれないが、飯粒だって糊《のり》になるのだし、有機質起源で生分解性もあるので、環境にやさしい素材だ。この「にかわ」は「煮皮」から来ているといわれ、一般には牛皮などからつくられる。そして、別の原料として海産魚のニベからもつくられる。これを「ニベにかわ」と呼んで愛好する人もいる。

ニベは日本近海や中国沿岸にもいて、水深数十メートルくらいの大陸棚の泥底に生息する。若い時期は内湾の浅場にいることも多く、多毛類や甲殻類などの底生生物を食べて成長する。一年を過ぎると次第にハゼなどの底生魚類を食べるようになり、さらに成長が速くなるようだ。

海底にもぐって観察すると、ハゼ類は「群れる」というほどではないが、かなりまとまって海底に暮らしている。それを底層から忍び寄って飲みこむのだから、ニベたちもかなりまとまって暮らしているようで、釣れはじめると次々かかってくる。また、イワシなどの小魚が中層に群を成しているときには、その層に自慢の浮き袋を使って浮遊してきて、これまたひと飲みにする。この場合も群を成して襲うというより、個別バラバラに中層に浮き上がってくるのだが、餌のまとまりにあわせて上ってくるので、これも大量漁獲につながりやすい特徴がある。中国や東南アジアの海辺の人々の良い蛋白源《たんぱくげん》になっているわけだ。

中国沿岸でもっとも親しまれている海産魚は「黄魚」と書くフウセイという魚で、近縁種ではあるがキグチと呼んだほうが我々にはなじみが深いだろう。頭部に大きな耳石《じせき》を持つことからイシモチとも呼ばれ、シログチやコイチなどよく似た種類も多い。中国では揚子江や黄河などの大河がもたらす泥や砂が沿岸一帯に堆積するが、その砂泥底がこうしたイシモチたちの好む場所でもある。

このニベ科の仲間は、日本より中国で評価の高い魚だ。これは、日本では刺身で魚の味を評価するが、中国では肌のつやが良くなるなどのコラーゲン効果を重視するし、油で調理することが多いからだろう。

日本では刺身の味に臭みは禁物だが、ニベの仲間はどこか泥臭さが抜けないところがある。このため磯に暮らすタイ類や表層回遊魚のほうの人気が高い。一方、中国式に調理すると、油で揚げたり炒めたり、少量の酢と一緒に煮こんだりするので生臭みも気にならないわけだ。そのうえ中国人好みのゼラチン食につながる浮き袋が大きいものだから、よけいに愛されるのだろう。

中国の料理書を見ると、もちろん淡水魚の項がはじめに出てくるのだが、海産魚に入ると一番が「大黄魚（フウセイ）」で、以下もニベ科の魚が並ぶ。その後にタイやスズキが続くわけだから、日本とは扱いが違うことが一目瞭然である。

最近、日本から中国への魚の輸出が多くなってきているが、刺身用に開発されてきたマダイなどよりも、こうしたニベ科の魚を育てて売りこむほうが、中国では受けが良いかもしれない。しかし、そう考える人は、まだ日本では少ないようだ。

ニベの特長は、なんといってもぐーぐーと鳴くことで知られる浮き袋だ。浮き袋の空気をしぼり出すようにして音を出し、仲間同士を認識しあっているのだろうか。静かな夜など海上にもその音が響いてくることがある。別名のグチという呼び名は「愚痴」からきていると言われ、おもしろい名前をつけるものだと感心する。学生時代に安い魚だからと毎週のようにシログチの煮つけを食わされていた時期があって、よく愚痴をこぼしていたことも思い出される。

ニベを入手して調理するときには、内臓を取り出し、浮き袋や腸をていねいに扱い、身とは別の料理に用いる。本場の中国では、浮き袋だけを取り出して乾燥させる。これは「魚杜《ぎょと》」と呼ばれて珍重され、フカヒレに匹敵する高級食材とされている。

我々になじみのあるものといえば、魚を煮付けにして一晩置いたあとにできる煮こごりや食用ゼラチンを使った寄せものなどだろう。冷めたら固まる性質を利用したものがコラーゲン食として思い浮かぶ。しかし、中国料理では「にかわ」質を多量に含んだ素材そのものを調理加工することが多く、驚かされる。

これから冬の寒さが気になるところだが、明石海峡では平年だと水温が8℃まで下がるのが普通だ。暖冬だった昨年などは10℃を下回ることもなく拍子抜けだったのだが、かつて大寒波の来た年には5℃くらいまで低下したこともある。そんな年には鳴門海峡ばかりでなく、明石海峡でも「浮きダイ」を見ることができる。

「浮きダイ」というのは、寒さで身動きがままならなくなった魚が、潮の向きの変化によって深みから浅場へ流されたとき、水圧の変化で浮き袋がふくらんでしまい、一気に海面まで浮かび上がってくる現象だ。急な水圧の変化のため、浮き袋の調節がままならず、浮き上がってしばらくはもがくばかりで水中に戻ることができなくなる。気の毒な気もするが、海上で待つ漁師にとっては「棚からぼた餅」のようなプレゼントになる。

「浮きダイ」現象が見られる魚種としては、鳴門海峡の場合はマダイやクロダイが知られている。筆者が明石海峡で経験したところでは、寒波の早い段階ではニベ科のコイチが一番早く浮き上がり、次いでキビレ（チヌの仲間）、寒さがいよいよ厳しくなるとクロダイやマダイも浮いてくるという順番だった。

この寒の時期のコイチやクロダイは、夏のような臭みがなく、刺身にしてもマダイの代用が可能なレベルにあって、いろいろ楽しませてくれる。身がやわらかいので、アマダイのように少し塩で締めてから昆布締めなどにするとぜいたくな味になる。煮付けにするときも、少し多めにつくっておき、翌日の煮こごりを楽しみにする。これも欠かせないところだ。

猛暑のできごと（二〇一〇）

前代未聞の猛暑を経験し、わが身はなんとか守ったものの、海の中などには多くの問題が発生したことがわかってきた。瀬戸内海では、お盆のころ（八月中旬）から九月の初旬までが、一年で一番海水温が高くなる時期だ。漁のほうは夏枯れで水揚げも乏しいし、昼間に海上で働くことは苦行でしかない。普段の年でもそうなのに、この夏はさらに輪をかけた状態だった。

夏に人に会うと「漁業は夏の海に出られて涼しげでよろしいね」などとうらやましがられることがあるが、大間違いだ。瀬戸内海は朝凪《なぎ》夕凪など風が止まってしまう時間が多く、鏡のような海面は日差しを強烈に照り返すので、麦わら帽子やほおかむりをしていても日焼けは避けられない。まわりはぜんぶ水だとはいえ、海水だから飲むわけにもいかず、浴びると乾いて塩を吹き、べたついて不快でしかない。かえって脱水症状を起こしてしまうところだ。

獲れた魚は暑さですぐに弱ってしまい、冷やすための氷もどんどん溶けてしまい、経費高に脂汗《あぶらあせ》を流さなければならない。仕方がないので夜中から沖に出て、日が昇ると帰ってくるという昼夜逆転の生活が習慣になるのも、この暑さをしのぐ知恵ともいえるだろう。瀬戸内海に暮らす魚たちにとっても夏の盛りはつらいもので、海面近くの日向水《ひなたみず》は、変温動物である魚の適水温を超え、酸素の溶けこみ量も少なく、息苦しい場所となる。

その一方で、水温躍層という海水温の違う層がいくつかの深度にあらわれ、上下移動には刺激が強くなっている。私たち人間も、海水浴で立ち泳ぎをした時など、胸のあたりの温かさに比べて足元のひやっとした冷たさに驚くことがある。波や潮の穏やかな海だと、一〇センチほど深くなるだけで3℃から5℃も温度が下がることがあるので油断ならない。

そんな水温の違う層が、布団や毛布を重ねたように、幾重《いくえ》にも積み重なっているのが夏の海中だ。

体力のない小イワシなどは身を置くのに最適な水温のところで暮らしたがるのだが、夏にはその温度幅の水の層は薄くなって、上下に移動できる範囲が限られてくる。大きく成長して体力のついた親魚は少々の温度差にはへこたれずに乗り越えていくが、稚魚にはつらいところだ。

そんな環境を利用するのがクラゲだ。あののんびりと水にただようクラゲは何を食べているのだろうか？　そのクラゲより動きのすくない微小なプランクトンを食べていると思われるだろう。もちろんそんな生態をもつ種類もいるが、肉食性で小魚をとらえて食べるという輩《やから》も多い。小魚とはいえ魚だから遊泳力があり、普通はクラゲより泳ぎが遅いとは考えられないだろう。しかし、水温躍層が発達し、小魚の上下への進路がふさがれると、クラゲの群れに包囲されて逃げ場を失うものが出てくる。そうなるとクラゲの刺胞《しほう》の毒で体がマヒして餌食となってしまうのだ。この夏は、こうしてクラゲの栄養になってしまった小魚が多かったことだろう。

　また、別の理由で繁殖が支障をきたしたこともあったようだ。大きな親魚は、1℃や2℃の温度差ならなんとか元気に生きて、日々の暮らしを営む。季節がくれば成熟して産卵期に入り、新しい世代を生み出していく。しかし、小さな生きものの場合は、わずかな温度の違いで発生に影響が出てしまう。

　生まれた稚魚たちの餌はどうだろうか。一ミリの数十分の一という植物プランクトンや、一ミリ程度の動物プランクトン、それらを食べる数センチの稚魚たち、毎年の季節変化がそれぞれの土地ならではのリズムを刻み、各段階の生物たちの季節的な発生があって、それを順番に大きな生き物たちが餌として利用していく。

　こうした食物連鎖のつながりは、季節変化がおおむね毎年安定しているからこそ成立することだ。水温が1℃変化するにはだいたい旬日（十日）を要する。2℃も違えば半月以上のずれが生じる。餌の発生と稚魚の誕生がずれてしまえば、稚魚たちは餌不足で餓死してしまう。ただでさえ上位の天敵に襲われて生き残るのがむずかしい稚魚にとって、この環境変化は致命的になる。

　クラゲと餓死。瀬戸内海の夏に生まれる魚たちにとって、この夏は二つの大きな壁が立ちはだかることになった。振り返って日本海では、問題のエチゼンクラゲの来襲が大幅に遅れている。エチゼンクラゲは中国の沿岸から押し出してくるものだが、黒潮の分枝流《ぶんしりゅう》である対馬暖流が強盛で、なかなか海を越えて来られないのではないだろうか。

　九月はじめの水温分布は、例年では27℃線が対馬海峡にあるものが、今年は能登半島や佐渡島沖にまで達している。これでは秋の魚の訪れは大幅に遅れるだろう。その代わりに南からのお客様である亜熱帯の魚たちなどが、長く目を楽しませてくれるだろう。堤防から海中をのぞくと、コバルト色のルリスズメダイや、イシダイの稚魚など、カラフルで熱帯魚の水槽を思わせる場面を見ることができる。

　しかし、秋の水温降下の遅れは、重大な問題を起こしている。瀬戸内海漁業のうちでも重要度の高い、ノリ養殖漁業への影響だ。

　ノリ養殖は冬の仕事のように思われがちだが、主な作業は毎年九月から始まっている。乾ノリの生産は十一月後半からだが、ノリの人工養殖には種付けという重要な仕事がある。それが九月から準備され、十月に本番を迎える。

　ノリの種付けは、秋の水温降下とともにはじまる胞子の放出と、種網への付着がカギとなる。お彼岸に昼夜が同じ長さになることをきっかけに胞子の放出が始まるが、種網への付着は水温が24℃以上だとうまくいかず、脱落して失敗する。自然の海中で行なわれるノリの種付けは、潮時と水温で決められるが、十数年前までは十月初旬に行なわれていた。それが年々温暖化の影響で温度の低下が遅れ、二〇〇〇年頃からは十月の中旬以降に行なわれるようになった。今年はそれ以上に高温が続いていることから、さらに遅れてしまう恐れがある。

　しかし、秋分の日を過ぎると秋の日はつるべ落とし。日照時間が短くなると胞子の放出は待ってくれない。日照時間と水温降下のタイミングが合わないと、種付けが成立しなくなるという危機が待っている。

このように、猛暑から派生する出来事の中には、たしかに微笑ましいものもあるけれども、漁業という産業や海の資源にとっては、非常に困ったことである。再生産のリズムが狂い、生産体系自身が揺るがされる事態に立ち至っていることがわかる。

わたしたちは、ここ数十年の富栄養化した瀬戸内海で、その環境に適応したノリ養殖漁業やイカナゴ漁業の工夫を重ねてきた。それは一年を周期とし、海の栄養を効率よく生産に結びつける生産体制だった。しかし、海の変動が大きくなってきたこれからは、環境変動に耐えられる、寿命の長い生きものを対象にした水産資源育成が求められている。漁業の形態を粘りづよく工夫する必要が出てきたといえるだろう。

海藻と海草　（二〇二二）

五十年前は海水浴が夏の定番だったが、最近では「子供ばかりで海へ行ってはいけない」と規制されたり、「紫外線が怖い」といって海辺に出なくなるなど、「海ばなれ」も社会現象になっている。ＳＤＧｓの十四番目に「海の豊かさを守ろう」があげられているが、人々の視線が海に注がれないと、その価値を判断することもむずかしくなってしまうだろう。

海辺で砂山をつくり、日焼けで背中の皮がめくれた子供時代を思い出す。波打ちぎわで足にからみついてきた「かいそう」を邪魔っ気に蹴とばしたことがまぶたの裏に浮かぶ。これに共感できるのは還暦を過ぎようとしている人たちだろうか。

海の環境問題が語られる時、とくに瀬戸内海では藻場《もば》と干潟の減少が指摘される。いずれも高度経済成長期の五十年に四割くらい減少してきたことが知られている。

干潟は河口域の浅い砂泥場で、潮が満ちれば海水の下に沈み、潮が引けば空気にさらされる場所だ。ぱっと目には泥が広がっているだけの役に立たない場所に思えるかもしれない。しかし、そこは川から流れこんだリンなどの栄養分をとらえて定着させる場であり、アサリなどの濾過《ろか》食生物《しょくせいぶつ》が濁《にご》りを吸い取り、泥表面をおおう付着《ふちゃく》珪藻《けいそう》などの微生物がカニや貝、ゴカイなどを育む場でもある。さらに、それらも海鳥たちの好餌になっている。つまり干潟は、河川水の汚れを浄化するとともに、ラムサール条約（とくに水鳥の生息地として国際的に重要な湿地に関する条約）に求められる水辺生態系の楽園にもなっている。

また、藻場は「かいそう」という植物が繁茂する海底だから、光が届くことが条件になる。海の水質調査で海水の透明度をはかる際には、測定板を沈めて、それが見えなくなる深さをはかる。光は水中をすすんで測定板にまで届き、そして水上の観察者の目まで戻ってくる往復行程を進む。だから、光が海中のどこにまで届いているかというと、おおむね透明度の二倍の深さにまで届いているだろう、というのが定説になっている。瀬戸内海では、透明度は数メートルから一〇メートル程度のことが多いので、藻場が形成されるのはせいぜい水深二〇メートルくらいまでのところだ。主要な藻場は水深が一〇メートルより浅い沿岸に存在する。

ところが、二十世紀の沿岸開発では、海面埋立が多く行なわれた。技術的にいっても経済的にいっても、海面埋立が可能なのは水深一〇メートル以浅の場所だったので、藻場ができる水深の大部分が埋立て対象とされてしまった。干潟はもっと浅い海辺にあるので、この干拓や埋立事業が沿岸の海洋生態系を破壊したといっても過言ではない。

その後、関西空港島は水深二〇メートルまで埋め立てたが、緩傾斜護岸方式を採用したので、光の当たる護岸部分をある程度残すことができた。コンクリート製ではあるものの、そこではホンダワラやワカメなどの藻場がかなり形成された。

さて「かいそう」とひらがなで記したが、「かいそう」には海藻と海草の二通りがある。どちらも同じ水生植物にはちがいないが、植物の進化の歴史に違いがある。

海に生育する植物といえば、プランクトンもあるが、海底に根づいて伸びるものもある。

植物は、身体の周囲にある栄養分を吸収し、光を得て光合成を行なう。同じ海水に接しつづけていると、身のまわりの栄養分など必要な成分を使い尽くして不足が生じる。つまり、身のまわりの海水が入れ替わってくれないと生きていけないのだ。

海水とともにただよっている植物プランクトンにとっては困った話である。だから、植物プランクトンは、みずからの身体の比重を変えて、沈みこんだり浮かんだりして海水の入れ替わりをはかる。身体の比重を変える方法としては、光合成でつくりだした糖質を、比重の軽い脂質に変換し、浮力を得るというやり方がある。あるいは鞭毛《べんもう》をもっていて運動できる種類もある。

身のまわりの海水に入れ替わってもらう必要があるのは、海底に固着する植物にとっても同じである。だから、固着型の植物は、その場に波や流れがあって、海水が入れ替わる場所に生息することになる。

波や流れなどがあって、海水の動きが強いところでは、泥や砂が流されるので、海底はゴロ石や岩場になっている。一方、海水の動きの少ないところには、砂や泥がたまる。

海中の固着植物として、はじめに勢力を拡大したのは原始的な藻類だ。固着して身体を大きくすることができるので、海水流動のある岩場に生息場を得た。浅いところから順番に緑藻、紅藻、褐藻などが生え、岩場やゴロ石場を占有することになった。

その後、植物は陸上に進出して高度に進化していった。海中では、水を介して身体のどこからでも栄養を吸収排出できるが、陸上では根から水や栄養を吸いあげないと補給がきかないので、導線になる組織（維管束《いかんそく》）が発達していった。つまり、海藻の根は岩にくっついているだけだが、陸上植物の根は、地中の栄養を吸いこみ、あるいは貯蔵する部位になる。

その後、陸上で発達した植物が、ふたたび海中に進出しようとしたが、その時、岩場はすでに海藻に占有されていた。また、岩場では根を深く張ることができない。そこで、海草は残された砂泥地《さでいち》に向かったのだが、砂や泥のたまるところは海水の流れが弱く、植物の生育には不利だった。しかしながら、海草は地下茎を伸ばして、葉が枯れてしまう季節を耐え忍ぶことでしのぎ、新たな生息空間を開拓した。これを生態学では「ニッチの発見」と呼ぶ。

岩場を中心に繁茂《はんも》した海藻には、ワカメやアラメ、ホンダワラなど大型のものもあるが、ノリやテングサなど小型のもの、さらに顕微鏡でないと見えないサイズのものまであり、それらが岩場をおおっている。磯の幸として知られるサザエやアワビ、ウニなどはこれらの海藻を食べて生きている。また、こういった藻場は、アイナメやアオリイカの産卵場となり、幼稚魚の保育場にもなっていた。しかし瀬戸内海では、二十年ほど前から「磯焼け」と呼ばれる現象が起きて、海藻藻場が激減し、やせたウニばかりが目立つ岩場になってきている。

砂泥場に茂る海草としては「竜宮《りゅうぐう》の乙姫《おとひめ》の元結《もとゆ》いの切り外し」とも呼ばれるアマモが有名だ。

海草のアマモ群落

アマモが発達した砂泥場は、内湾の穏やかな浅い海に多かったので、港湾区域として開発され、失われてきた。

海草であるアマモは地下茎をもち、水中の葉が枯れた時にも生命を維持する。季節がめぐって条件が良くなれば再び発芽して藻場を再生する。このため、夏枯れの時期以外は浅瀬に葉を茂らせ、コウイカなどの産卵場にもなり、幼稚魚の生育場として「海のゆりかご」と評価されてきた。

高度経済成長期にアマモ場は見放されて、減少の一途をたどった。しかし、岡山県日生地区で小型定置網やカキ養殖にたずさわっていた漁師の一部がアマモ場の再生活動をはじめ、その効果が出てきたことで見直された。そして、二十一世紀になって、全国的にその取組みが広がるようになった。

経済価値の高い漁獲物ばかりに注目が集まりがちだが、「豊かな海」を再生するためには、こうした海藻や海草という脇役が大切な役割をはたしていることにも注目する必要がある。国際的にも求められている海の生物多様性を保全していくためにも、藻場のもつ生物の「ゆりかご」という役割を育んでいきたいものだ。

これを具体化するためには「里海」活動が欠かせないものになる。

明石の魚暦《うおごよみ》（二〇二三）

桜鯛の季節がやってきた。明石は「明石ダイ」の産地として知られている。遠来の観光客が訪れ、桜の咲く明石公園を眺めながら「さくらだい」を食べたいとお店をのぞいて行く。「さくら」が重なるので錯覚しても仕方がないのだが、そこにはちょっと誤解がある。いや、あえて誤解してもらう仕掛けになっているのかもしれない。

桜が咲く時期は、地球温暖化で早くなってきた。近年では、入学式を待つことなく三月下旬には咲き誇る。一方の桜鯛（マダイ）は暖海性の魚である。水温が14℃以下だと元気がなくなり、16℃を超えると活発になるといわれる。明石の魚暦《うおごよみ》（図）を見ると、明石海峡の水温が14℃から16℃に上がるのは四月末だから、桜鯛が来るのは桜が散って葉桜になった時期である。

桜の咲く四月初めに明石に来て「桜鯛を食べたい」といっても、明石ダイにはまだ早く、紀州（和歌山）からの送りの品か、養殖魚や冷凍魚を食べることになってしまう。「桜鯛」が冬を越して、餌が豊富な瀬戸内海に入りこみ、よく太って「恋の季節」がやってくると、赤いマダイが桜色に輝くようになる。そこから「桜鯛」と呼ばれるのだ。紀伊水道と明石海峡とではマダイの回遊時期にひと月あまり差があって、それぞれの風物詩にも季節感の違いが見えてくる。なお、マダイの旬は秋にもあり「紅葉鯛《もみじだい》」として喜ばれる。

今回は、明石における魚暦を紹介したいと思う。


図は、一九九〇年頃の明石海峡の水温の季節変化

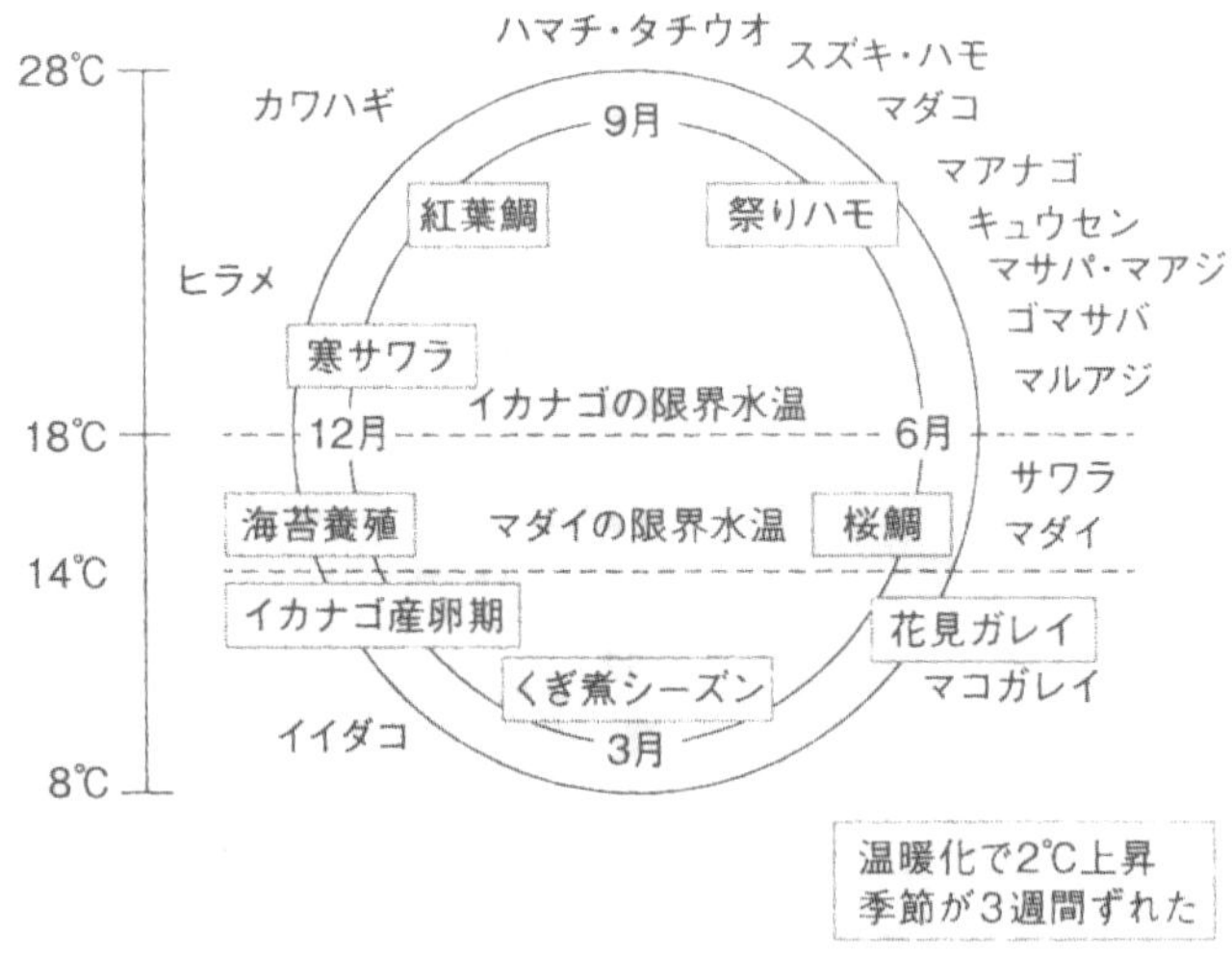

明石における水温変化と魚暦

と、それぞれの季節に初漁期あるいは盛漁期を迎える魚種を示し、「魚暦」として表現したものだ。なお、二〇二〇年代には温暖化が進んでおり、この図の温度幅が全体的に2℃ほど上にずれてきている。

ご覧のように、最高水温は九月の28℃、最低水温は三月の8℃となっている。私たちの暮らす地上の気温より変化の幅は小さく、変化の時期も少し遅れる傾向にある。驚かれると思うが、十二月と六月の水温がほぼ同じだ。初夏と初冬の水温が同じというだけでも、地上と海の違いをしみじみと感じることができる。

この20℃の温度幅のちょうど中間にあたる18℃という水温に大きな意味がある。春告げ魚として知られるイカナゴは、寒い海に適応しており、冬は元気なのだが、18℃を超えると「夏バテ」してしまう。ヘビやカエルは寒くなると冬眠するが、このイカナゴは暑くなると「夏眠《かみん》」する。瀬戸内海には潮流の作用で砂地が点在するが、その砂場にもぐりこんで、暑い時期を眠って過ごすのだ。春先に大騒ぎをするイカナゴが、夏から秋には話題にものぼらないのは、砂底に隠れて海中にはいないからなのである。

同じように、水温と魚の生態が密接に関連するのは、魚類が変温動物だからだ。自分で体温調節することができる哺乳類など恒温動物とちがって、変温動物はまわりの環境の温度が体温になるから、その生きものの生理作用に適した温度の場にいないと暮らしていけない。回遊という移動性をもつ種類は、寒いときには南に、暑いときには北に移ってしのぐし、移動性の少ないものは深みで活動性を落としてしのぐ。

最高水温と最低水温の幅はだいたい20℃あるが、半年の6カ月で割ると、ひと月あたり3℃ほど変わっていくことになる。一カ月は約三十日だから、十日で1℃の変化。十日のことを旬日《じゅんじつ》と呼ぶが、これは食文化でいう「旬《しゅん》」と重なる。この漢字に「竹」かんむりをつけると「筍《たけのこ》」になる。タケノコの旬が十日ほどと短いこととも重なり、おいしい時季には限りのあることを教えてくれる。

次々とあらわれる魚種の初漁期は、まさに十日ごとに入れ替わっていくように見える。漁師たちは「ひと潮」という月齢の十五日を目安にしているが、これがほぼ同じ意味をもっている。1℃の温度差はわずかなように見えて、好みが分かれる。私たち人間もお風呂の温度やお酒の燗《かん》の具合など、こだわる方もいるだろう。

海の中は弱肉強食の世界で、喰う喰われる関係や餌の取り合い、暮らす場所の取り合いなど、生物たちは激しい競争にさらされている。ライバルとなる魚種との競争に負けそうなときには「争う」よりも「逃げる」あるいは「隠れる」という戦略をとって難をのがれる。

さて、この図にはもうひとつの見方がある。右半分は水温の上昇期、左半分は水温の下降期になる。海の温度が上昇する理由は大きく二つある。一つは、日差しが強くなる春から夏にかけて、日射によって海面が温められ、それが徐々に深みへと伝わっていくこと。もうひとつは、北半球の熱帯域のあたたかい海水が黒潮にのって日本沿岸へ押し寄せてくること。あたたかい海水は、それまでの冷たい海水にくらべて比重が軽いため、上層の水と下層の水に分かれて層をなすことになる。お風呂を沸かしかけたとき、表面はお湯なのに下には冷たいままの水があって驚くことがある。これが成層現象で、かき混ぜないと温度は一定にならない。同じ成分の海水なのに、なかなか混ざらないので、表層に溶けこむ空気中の酸素は下層には届かなくなる。この時期を成層期と呼ぶ。

植物プランクトンは、太陽の光が届く深さまでなら、海水中の栄養分を利用して、光合成を行なうことができる。しかし、その場の栄養分を使い切ってしまうと、光合成が続けられずに、植物は死んで沈んでしまう。成層期には下層の栄養分が上がってきにくいことから、植物にとっては不利な状況となる。

一方で、水温の降下は、海面を冷たい風が吹くことによって起きる。海面で冷えた海水は重くなって、それまでのあたたかい海水の下にもぐりこみ、下層の海水は表層に浮かび上がるようになる。上下が入れ替わるわけだから、この時期を対流期と呼ぶ。

あたたかい環境になれば、動物としては活動しやすくなるから、図の右半分は「動物の活躍期」といえる。反対に左半分は寒くなっていくので動物には不利だが、対流によって下層の栄養分が湧き上がってくるので「植物の活躍期」だといえる。

図に記されている魚種名の位置は、それぞれの初漁期や盛漁期を表わしている。右半分に魚種名が多いのは、動物の活躍期だからだ。一方の左半分は植物の活躍期であるため、ノリ養殖の準備が始まり、海藻が繁茂するようになる。

漁師たちは海とつきあう中で、「魚暦」を経験的に見いだし、それぞれの時期に見合った漁法を工夫してきた。そのおかげで、一年をとおして多様な海の幸を得ることができたのである。

近年、政府は「成長産業化」と称して、漁業の生産力を効率的に高めるよう指導している。しかし、工業的な産業指導の場合、効率的な設備投資とコストカットによる収益向上が求められる傾向があり、単一漁法にかたよった生産体制になりがちだ。富栄養化で海の生産力が大きかった時代には、ノリやカキなどの養殖や、巻き網漁業、船曳網《ふなびきあみ》漁業を専業化して拡大させることも可能だったが、温暖化や貧栄養化が進んだ今日では「魚暦」にあらわれる多様な魚種にきめこまかく対応できるような、小規模多品目の生産体制を考えなければならない。漁場の多様性を生かして、環境保全と資源の有効利用、そして海の幸を地域に生かす食文化を育むことも重要になる。

最近「未利用魚」という言葉を耳にすることが多くなった。海の幸には実に多様なものがあるのに、取り扱われるのは流通や販売に都合の良い魚種ばかり。不便な魚種は取り残されるようになった。経済性重視で海の多様性に対応できなくなってきた社会の問題でもある。

「魚暦」を各地でつくってみて、その地域の生態系の仕組みや、多様な生物の営みを観察し、それに順応した人間の関わり方を探っていきたいものだ。

第三章　下関とフグ

瀬戸内海の西に来て　（二〇〇九）

私《わたくし》ごとで恐縮だが、今年度から下関にある独立行政法人「水産大学校」に籍を置くことになった。瀬戸内海東部の明石海峡から西端の関門海峡に視点を移したことになる。

下関はマルハ（もと大洋漁業）の本拠地だったことで知られているが、マルハの「は」は筆者がお世話になっていた明石の林崎漁協のある林村の「は」に由来しているという。創業者の中部幾次郎さんが明石市のご出身ということで、それにちなんだものだろう。水産大学校に中部講堂という寄贈された施設があるが、明石高校にも中部講堂があることから、それぞれの土地のつながりをうかがい知ることができる。

実際に下関の地に泊地《はくち》を構え、魚を味わいはじめたところ、明石にも劣らない素材の豊富さに驚かされた。瀬戸内海からのみならず、日本海からも、九州を出て東シナ海に至る漁場からも魚が集まるので、にぎやかな品ぞろえが楽しめるわけだ。

単身赴任の身としては、日々の買い物での魚選びが楽しみで、※ふく（フグ）もクジラもウニも、いつでも手に入るのはぜいたくだと思える。ハレの食事ならともかく、普段の食事には響灘《ひびきなだ》のアジ、日本海のカレイ、東シナ海のアンコウやカワハギ、瀬戸内海のベラ、関門のタコなど、どれも鮮度として問題ない素材に包丁をふるうこととなった。

自炊ばかりでは味気ないので、街にも繰り出す。

※「ふぐ」は「不具」を連想して不吉だということで、下関では「ふく」という。

ところが、地元料理を楽しみに何軒かに行きはじめると、自分の味覚が「わがまま」を言いだした。「郷に入《い》っては郷に従え」と言われるように、どこに行ってもその土地の味を素直に楽しんできたし、それがうれしかった。しかし、魚どころの下関で、「これは参った」と思うものに出会った。醤油の甘さである。

かつて博多の街で玄界灘《げんかいなだ》の刺身を食べたことがある。味わってみて、「玄界灘の魚は甘いのか」と思ったが、実際は醤油が甘かったのだった。そんな経験から、魚自身のうまさについて考えるようになったことを思い出す。そういえば山陰から九州、四国の愛媛県あたりが甘い醤油の好まれる地域だった。当然のこと、下関はその食文化圏にあるわけだから、甘い醤油の洗礼を受けることは予測されたのに、うかつにも口に運ぶまでは気づかなかった。

記憶をたどると、これまで下関を訪れた時には、ふくやクジラばかり食べていて、他の魚の印象がなかった。クジラはそれ自身の味が強いので違和感がなく、ふくのてっさ（刺身）はもみじおろしを添えたポン酢でいただいていたので、刺身醤油の甘さに気がつかなかったのだろう。

日本ではかつて村々に醤油の醸造所《じょうぞうじょ》があり、その数六千軒（一九五五年）とも言われた。それが今日では一五〇〇軒ほどに減少しているという。名の知れた大手五社がシェアの過半を占め、上位二十社で七十五パーセント以上を供給している。中小規模の醤油醸造所の大多数は、実は甘い醤油の分布域に残っているようだ。かくいう下関にも狭い範囲に何軒もの醤油屋さんがあって、地元で愛好されている。

つまり日本の大部分は、関東や関西の大手の醤油に染め上げられてきたが、それとは異なる味わいを好む地域が根強くあって、そこでは大手の味が通用していないのだ。日本一の生産量を誇る醤油会社も、九州地域向けに特別に「うま口」の醤油を売り出しているというから、この地域の味へのこだわりの強さがうかがえるだろう。

さて、その甘口の醤油で育った下関の人々は、それを使って刺身を食べることに慣れており、愛着をもっている。東京などに出張すると「あのしょっぱい醤油には閉口する」といい、家に帰って普段の醤油を使うと「ほっとする」そうだ。

当然のことながら、どこの地方の料理屋さんでも、自分たちが使いなれた調味料で料理をする。下関も同じことだ。自分たちにはあたりまえの醤油で料理を提供し、相手の反応には無頓着になりがちだし、客のほうも出されたものに目くじらを立てることは少ない。

ここで問題なのは、下関は水産物の出荷基地であり、関東や関西に売りこむ位置にあるということだ。自分たちが食べて納得するのはいいのだが、売りこむ相手にどのような印象を与えているかを把握できているだろうか。ふくは下関の南風泊《はえどまり》が全国流通の核になっており、その成功から、下関は魚どころとしての自信をもっている。クジラの扱い量も多く、ウニも瓶詰ウニの大きなシェアをもっている。かまぼこなどの練り製品も売れ筋だし、唐戸市場などには全国から観光客が絶えない。

しかし、下関の魚どころとしての地位は地盤沈下を続けている。産地市場としての水揚げ港が長崎や福岡という西の海に近いところに移行したこともあるが、それ以外に問題はないのだろうか。あらたにアンコウやアマダイなど目玉魚種を売り出しにかかっていて、一定の評価は得ているのだが、買い手に勢いが感じられないのが悩みの種だ。

筆者は、この地に来てまだ半年。十分な吟味ができているとは言えないのだが、直感的に感じるのは、白身の魚を食べにくるリピーターが少ないということ。京都人で関西の味に慣れてきた者でも、青背のサバやアジ、それにサザエやイカなどなら、先に紹介した甘みのある醤油でおいしく食べられる。しかし、残念ながら白身の魚の場合、魚のうまさを打ち消してしまっているように感じる。

ふくは白身じゃないかと言われるが、それはポン酢で食べているわけで、甘い醤油ではない。ヒラメやオコゼなど、素材や鮮度として申し分ないものでも、その醤油が口の中で喧嘩をしてしまう。そこで、塩とカボスを出してもらって食べることになる。

なんとも惜しいもので、ふくは何度も食べに来たいと思うが、ほかの白身は他所《よそ》で食べたくなる。そこで考えた。以前は、飲み屋で酒といえば日本酒。ビールといえばお店にある銘柄だけというように、客は種類を選べなかった。しかし、最近は酒類もドレッシングも焼き加減も選べる時代である。ならば、なぜ醤油が選べないのだろうか？

これは料理人さんには酷なことで、調味の基準をあれこれ変えると料理のバランスがくずれて困ることになる。また、地元の常連さんには必要のないことだ。急にやり方を変えると余計な詮索《せんさく》をされてしまう。しかし、下関に来て魚の味をあじわってもらい、リピーターが増えることによって魚の供給基地としての地位が上がることを考えると、醤油を選べるようにするのも一考の余地があるやり方ではないだろうか。

下関をめぐった結果、醤油を複数用意してくれる店がいくつか見つかった。同じ思いの料理人がいることがわかって、心強く思った次第だ。これからは「選べる」ことが消費者心理に響くだろう。

寒波とフク（二〇一二）

ひときわ寒く感じる二〇一二年の冬が過ぎようとしている。身体の温まる食べものを求めて鍋物をいろいろと試された方も多いことだろう。ご多聞にもれず、筆者も鍋ざんまいの日々。

「下関に来ればトラフグ王国だろう」と関西からは眺めていた。フグの専門市場である南風《はえ》泊《どまり》の袋《ふくろ》競《ぜ》りがあまりに有名で、各地のフグ産地から良質のトラフグが集まり、ここで目利きが値決めをしていくのが強い印象を与えるせいだろう。

下関では、たしかにフグを売り物にする高級店も多い。秀吉によって禁止されたフグ食を明治維新の伊藤博文が解禁した逸話も残る。日清講和条約が結ばれた春帆楼《しゅんぱんろう》などが、その名店として名をはせている。しかし、唐戸《からと》市場をはじめ大衆に親しまれているのはシロサバフグである。下関の人たちは、マフグやヒガンフグなど多彩なフグ類を用途にあわせてうまく使い分けていることにも気がついた。

天然トラフグのコースを一万円以下で求めることはむずかしく、経済事情から数千円で何とか、という庶民の願いを叶えるのが料理屋の知恵の見せどころといえる。ただ、安い素材をもってきて、安かろうまずかろうではファンを失ってしまうだろう。

フグの刺身としてはトラフグが一番高価だが、食べ比べた時にはヒガンフグやナゴヤフグの方が噛みごたえや味わいが深いと評価する人も少なくない。一方、マフグは身がやわらかいと評されるが、その分少し厚めに刺身を引くことによって喰い味が勝る面も指摘されている。これらのフグは価格的にもトラフグの半値以下で、まだ養殖は行なわれていないのだから、すべて天然ものといえる。

下関の周囲には瀬戸内海と日本海、それに玄界灘から東シナ海が漁場として広がっており、タイプの異なる漁場環境から多種多様な魚が手に入る。フグにしても冬だけでない楽しみができるところだ。しかし、一般のお客様にはフグを見分けるのはなかなかむずかしい。唐戸市場は観光客もはいれるのが特徴で、鮮魚や生け簀《す》から揚げたばかりのピチピチものや、内臓も皮も取り除いた「みがきふぐ」が並べられている。ふくれ面からフグ類とは思えても、斑《はん》紋《もん》や色合いから種類を見極めるのは素人には不可能だ。ましてや皮をむかれていては判断のしようもないので、手書きの表示が頼りになるが、これもなかなかむずかしい。「とらふぐ」「国産ふぐ」「天然ふぐ」などと書かれているが、どう違うのか戸惑うようだし、誤解も多い。

「とらふぐ」と書かれているものは他のフグ類とは違ってトラフグにまちがいない。ただし、養殖か天然か、国産か輸入かも示していないとなると、輸入の養殖トラフグとみなすのが妥当だろう。「国産ふぐ」と書かれていたら、輸入物ではないが、トラフグであれば養殖物で、その他のフグ類の場合は天然物だと見ればよい。つまり養殖物は大部分がトラフグなので、他の種類なら天然物と見てもいいということだ。「天然ふぐ」と書かれているものは養殖物ではないが、トラフグとは限らないと見た方がよさそうだ。

このように、天然のトラフグが最上位にあって、次いで国産養殖物、輸入養殖物という序列ができていて、その他のフグ類はいずれも格下に見られているわけだ。だから、書かれている内容より、書かれていない必要事項を思い浮かべれば、それぞれの表示と価格が見合うかどうかの判断材料になる。だが、そんな裏事情にまで気を配らなければならないとはチョット悲しいことでもある。

筆者も下関に来たばかりのころは、こうした仕掛けがわからず困惑していたが、地元の友人が増え、自分の舌を鍛えていくうちに、ある程度判断できるようになってきた。時にはずれくじを引いてしまうこともあるが、それも勉強代だと思って恨むより再挑戦の意欲を高めるように割り切ることにしている。

さて、フグといえば毒がある。テトロドトキシンの威力は致命的ではあるが、フグのうまさにひかれる人々になかなか歯止めをかけることはできず、いくら規制しても毎年のように死者が出ている。このためフグ調理には資格が必要で、各県の条例で定められてきた。フグが使われるのが高級料理ばかりの時はそれでもよかったが、外食産業の発展によって、飲食店の調理場以外で下ごしらえの仕込みが行なわれるケースが増えてきた。さらに養殖技術や鮮度保持技術が進んできたこともあって、「みがきフグ」という商品形態が一般化してきている。

フグは種類によって毒をもつ部位が異なる。それを完全に取り除けば安全に食べられる品物だ。トラフグは肝臓と卵巣には猛毒があるが、筋肉と皮、精巣（白子）は無毒なので、部位を限れば安心して食べられる。一方、山口県でよく獲れるマフグはトラフグとは異なり皮に毒をもつ。だからマフグの場合には、皮も取り除かなければならない。

「みがきふぐ」は事前に有毒部位を取り除いた食品なので、専門の資格をもつ調理師がいなくても、だれでも調理して供してもいいのではないかという発想がある。そこで壁になっていたのが都道府県ごとの条例だ。それを改正することによって「みがきふぐ」の流通利用を大幅に拡大することが期待されている。

これまで和食の世界だけで利用されてきた食材が、フレンチやイタリアンといった領域でも活用してもらえるようになるわけだ。ただ、これには和食系の、伝統を守ってきた料理人たちの抵抗感があることは否めない。また、心ない流通業者が前処理が不十分なモノを持ちこまないかも心配されている。

しかし、そうした条例改正の動きは京都をはじめ東京にも拡大される趨勢《すうせい》にあり、フグ食の世界が広がると期待されている。これまでのふぐ鍋（てっちり）、ふぐ刺し（てっさ）、フグ皮（てっぴ）という楽しみ方から、もう少し熟成させたカルパッチョや、軽く加熱した上で多様なソースを工夫する食べ方など、応用範囲も広がるだろう。

もうひとつ忘れてはならないものに「ヒレ酒」がある。魚体から切り離したヒレを乾燥させておき、使用する前に黒焦げにならない程度にしっかり焼き、熱く燗《かん》をつけた日本酒を注ぎ、ふたをして三分待つ。ヒレの焦げた香ばしさと抽出されたうま味が相まって、安い酒でも特級品に変わる。はじめの乾燥が十分でなかったり、焼き方が甘いと生臭くなることがある。かといって真っ黒焦げではいがらっぽくなっていただけないので、加減が大切だ。

　フグのヒレが手に入らないときには、瀬戸内海名産の「でびらがれい（タマガンゾウビラメ）」の干しものをあぶっても良いし、アマダイなどの白身魚を食べたあとの骨を焼いて入れる骨酒もおいしい飲み方だ。いずれにしても寒い季節を乗り越える先人の知恵、飲み過ぎに注意して、かつ毒の処理も怠らないで楽しんでいきたい。

ふぐ刺し（上）と
ふぐ鍋（下）

フグ学（楽）六年生（二〇一五）

下関に来て六度目のフグシーズンを迎えている。訪ねたフグ料理店も二十軒を超えた。有名な高級料亭から大衆居酒屋、小料理酒場まで、材料の方についても天然トラフグから養殖もの、その他のフグ類に至るまでかなり場数は踏んできた。

　どこに行ってもまず味わうのが刺身だ。美しく彩色された大皿に菊盛りや牡《ぼ》丹《たん》盛《も》りがほどこされたフグ刺しの王道から、骨ごと薄切りにする「背越し」など野《や》趣《しゅ》あふれる提供の仕方もある。また、透きとおるような薄造りもあれば、噛み心地を楽しむ分厚い造りもお店の個性を際立たせている。

　はじめはおっかなびっくりで刺身を一枚ずつていねいに味わっていたが、最近では数枚単位で大人食いに走ってしまう。フグを味わう上での一番のポイントがポン酢にあることに気づかされたからだ。一枚ずつだとポン酢が勝ちすぎる。数枚だと良いバランスになる。また、あいだに巻きこむ安岡ネギとの相性も良くなる。

　この添え物の安岡ネギは小ネギに分類されるが、単なる細いネギではない。下関市街地の少し北に位置する安岡地区で、フグ料理にあわせて使える薬味として開発され育てられてきたもので、生産者の思いも深いものがある。畑は横野から福江地区に広がり、水産大学校のある吉見地区に向かう北浦街道のそばである。

　下関の食通にうかがうと、もともとフグ料理にはアサツキやワケギが用いられていたが、アサツキでは緑色が薄く、ワケギでは独特の香りが強いなど、真っ白で淡い味わいのフグの身との相性には微妙なところがあった。そこで安岡ネギにたどり着いたという。生産者にうかがうと、タネはもともと京都の九条ネギだが、選抜育種をくりかえして現在の姿につくりかえたといい、単に早摘みしているだけではないのだと強調する。

　色目はアサツキより緑が鮮やかで、ほんのりと土の香りというか、ネギらしい香りもするが、クセのないやさしい匂いである。切り口はまん丸で型崩れしにくいので、薬味としてポン酢に散らしても、器にへばりつくことなく、浮いてくれる。また、一寸ほどに切りそろえたものを芯にしてフグ刺しを巻いていただくときにも、存在感が薄れない優《すぐ》れものである。

　ネギ類は冬になると自らの身を凍結から防ぐために、葉の内側にゼリー状の粘液をいだく。これには高分子多糖類やアミノ酸などが含まれていて栄養価も高く、ネギ好きには愛される部分だが、ポン酢に刻んで入れると味を薄めてしまう欠点にもなる。その点で安岡ネギには、このゼリー状の粘液がなく、ポン酢を切れのいい状態で使うことができる。

まさにフグ料理のために生みだされたネギであり、フク処下関の脇役としての重責をになうものになっている。なお、単身赴任者としては一束《ひとたば》の安岡ネギはフグ刺しの相手だけでは使い切れない。熊本の郷土料理で知られる「一文字のぐるぐる」をまねて、さっと湯がいて冷水で色止めし、数本取り出しては根元一寸を軸にして葉先をくるくる巻きつける。あとは酢味噌でいただくが、ヒレ酒で味のついた口の中をさっぱりさせてくれる口福の時間だ。

さて、重要な脇役がもうひとつある。てっちりとも呼ばれるフグ鍋が舞台だ。鍋というと春菊が名脇役だが、ここでも下関特産の野菜が光ってくる。下関では「ろーま」と呼ばれる大葉春菊が好まれるが、これは他の地方から来た人にはホウレンソウかと見まちがえられるほどで、切れ込みがない丸い葉をしているのが特徴である。ふつう知られている中葉春菊は菊の葉のように切れ込みがあって香りの強いものだが、ろーま菜は香りもおとなしく、クセもないので生のままサラダとしても食べられる。それでは鍋の付け合せには頼りないのではないかと心配されるが、なにせ相手は淡泊なフグである。香りの強い春菊では、フグの妖《あや》しく微妙な味わいを殺してしまうのだろう。

おとなりの博多の鍋では切れ込みのある春菊が使われることが多いが、これは彼の地の鶏の水炊きに合わせたものでる。鶏やブタなどの肉類にはろーま菜では間に合わない。京都の老舗《しにせ》湯豆腐屋さんが、わざわざ下関からろーま菜を仕入れていることからも、その繊細さがうかがわれる。

ただし、もちろんこうした表の話がある一方で、裏の話もある。格安フグ料理を提供する店では、トラフグやマフグ以外にも、毒の心配のないさまざまなフグ類や部位を使って価格を調整している。そんな中には少し匂いの異なるものもあり、その場合には切れ込みのある香りの強い春菊が意図的に使われていたりする。つねにそうだとは言わないが、食べる側の力量が問われる場面である。

このように、フク処下関は、フグそのものの調理方法にも長年磨きをかけてきたが、その主役のそばに控える脇役の野菜たちにも工夫が重ねられているのだ。

決め手となるポン酢についても、醤油と柑橘《かんきつ》果汁をどのように選ぶかで評価が分かれる。ダイダイ、カボス、ユズなどは、香りと酸味、そして甘味にも違いがある果汁だが、同じ種類でも熟し具合やしぼり方で風味が異なってくる。若くて酸味の強いものや熟して甘味の多いもの、苦味となるビターオイルを含ませるためにどの程度皮に圧力をかけるか、などなど調合する際の配慮事項はたくさんある。

最近ではしぼった果汁を凍結保存できるので、さまざまな種類を保管して、まるでウイスキーのブレンダーのように調合するプロもいるらしく、その競争が苛烈《かれつ》になってきているという。その一方で「手前味噌」ではないが、庭先のダイダイの熟すのを待って、わが家伝来の手法で仕立てる自家製ポン酢にこだわる人たちもいて、そのうんちく談義は尽きることがない。

この冬は日本酒との相性を探るべく、フグ酒について迫ってみた。よく知られているのはヒレ酒で、トラフグのヒレを切り取り乾燥させたものを、使う前に火であぶり、香ばしさを出したところに日本酒の熱燗を注ぎ、少し蒸らす。ヒレからエキスが出て、熱燗が琥珀《こはく》色の薫り高い旨酒に変身する。ヒレなら何でも良さそうに思われるが、皮に毒があるとされるフグ類（マフグなど）のヒレは避けた方がいい。また、フグ以外の魚のヒレでもよさそうだが、脂の多い魚だと干している間に油焼けを起こしがちで、酸化脂肪のえぐみが出てしまうので、あまり好ましくない。筆者は「でびら」と呼ばれるタマガンゾウビラメの干ものを丸ごとあぶって代用している。

そのほか、トラフグの新鮮な白子を使った白子酒、中骨を焼いた骨酒、刺身の身を使った身酒、くちびる部分をあぶったくちびる酒を並べて、フグの五酒とする楽しみ方もある。

まだまだ卒業は遠いようだ。

関門海峡異聞《いぶん》（二〇一三）

関門海峡は本州の下関と九州の門司《もじ》のあいだにあって、周防灘《すおうなだ》と響灘を結ぶ狭水道として知られる。その幅は狭いところでは六〇〇メートルしかなく、高速道路の関門橋でひとまたぎになっている。現在は、その関門橋のほか、海底トンネルとして鉄道トンネルが在来線と新幹線の二本、さらに国道トンネルと人道トンネルが通っており、船で海を渡ることはほぼなくなっている。どうしても海を渡りたい人は、フェリーは廃止されているので、下関の唐戸市場から門司港への渡船を利用するしかない。

瀬戸内海の関係者でも、関門海峡を抜けると外海（玄界灘）だと思っている方が多い。筆者のいる独立行政法人水産大学校は、下関から山陰本線で六駅の吉見というところにあるが、関門海峡の西側の「響灘《ひびきなだ》」という海に面していて、実はそこも瀬戸内海のうちに入る。目の前には蓋井島などの島影があって、多島海の景観と夕陽の名所として知られている。

古来、関門海峡は交通の要衝《ようしょう》としてイメージされており、古くは遣唐使船や清盛時代の宋船、江戸時代の朝鮮通信使などの交流路であったとされる。

その航跡が教科書の絵図などに描かれている。筆者もまさにそれを信じこんでいた。

下関に来て四年、関門海峡のS字に屈曲した地形や、下関漁港の入り口に残された湾曲した地形など、地図好きには興味津々の土地柄に歩きまわることしばし。いくつかの疑問に突き当たった。長門一の宮と呼ばれる住吉神社が関門海峡に面しておらず、新下関駅の近くという内陸的な場所にあった。長門二の宮は忌宮《いみのみや》神社として瀬戸内海側の長府城下町にある。

「住吉神社」といえば航海安全の神様として知られ、漁師たちの信仰もあつく全国各地にあるが、多くが海に面して建てられている。それが関門海峡から峠を越えた側に位置しているのはなぜだろうか。周辺を歩いてみると、住吉神社の池から流れ出ている水路は新下関を経て綾羅木《あやらぎ》川につながり、西の響灘に流れ出ている。二千年前を想像すると、この綾羅木川の入り江が新下関駅あたりまで入りこみ、その上手に住吉神社が建立されたものと考えられそうだ。関門海峡が主要交通路であったなら、海峡に面した赤間神宮のあたりや唐戸地区に置かれそうなものだ。それが異なる水系に面しているということは、交通の軸が異なっていたことを推測させる。

　そのようなことを思い描いていた折、『瀬戸内海』誌六十四号の藤原建紀先生の文章に「今から二万年前の氷河時代には、海面が現在よりも約一〇〇メートル低く、瀬戸内海は陸地であった」と記されているのを見て、ひらめくものがあった。関門海峡が地形的に開いて水路になったのは六千年前だという。人間の歴史で六千年といえば縄文時代にまで遡《さかのぼ》るのだが、地質学的にいえばごく最近の出来事といえる。まさに成長途上の海峡ではないだろうか。

　関門海峡ではのべつ航路浚渫《しゅんせつ》が行なわれていて、浅いところは水深が十二メートルしかなく、大型船を通すためにはもう少し掘り下げないといけないという。明石海峡をはじめ豊後《ぶんご》水道や紀淡《きたん》海峡などは水深が深いが、それは潮流の行き来によって浸食されてきた結果だと思われる。

　関門海峡のもっとも狭い部分は壇ノ浦であり、早《はや》鞆《とも》の瀬戸とも呼ばれている。今は幅が六〇〇メートルではあるが、千年前や二千年前はどんな様子だったのだろうか。赤間神宮の宮司《ぐうじ》さんにお話をうかがうと、この地はもともと赤馬関と呼ばれていたといい、古代には穴門という呼び名もあったという。

　下関から北九州に連なる山の峰が周防灘と響灘を

分けていたところに、間氷期を迎えた縄文海進による海面上昇があって、海水が峠を越えたのだろう。当初は穴から吹き出す程度だった水流が、やがて幅をもって濁流として流れ出すようになれば、その姿が赤馬の群れが疾走していくようにも見えたのかもしれない。そして浸食が進み、海面上昇が落ち着きを見せる中、海峡として潮が行き来する地形になってきたのではないだろうか。

下関漁港から彦島との境を狭い水路が屈曲して響灘に通じているが、この地形は古い時代に川の流れた跡のようだ。海峡が通じて、彦島の南側に大きな水路が掘りこまれるまでは、ここに川が流れていたと思われる。峠を越えた激しい流れが小倉方面の前面を浸食し、今のような海峡地形をつくっていったとも考えられるだろう。

豊臣秀吉は朝鮮出兵の折、肥前の名護屋城に出向いたが、その帰路に船で関門海峡を抜けようとして座礁し、危うくおぼれそうになったという逸話が残っている。四〇〇年前でも難渋《なんじゅう》する航路だったのだろう。ましてや八〇〇年前の源平合戦の折には御《ご》座船《ざぶね》など大型船は通れなかったかもしれない。壇ノ浦の海上戦では門司の日野浦という周防灘寄りに平家が兵船を並べていたと伝えられている。御座船などの大型船が海峡を通れなかったために、この地で決戦に及ばざるを得なかったのではないだろうか。

このように夢物語を展開していると、遣唐使船や清盛時代の宋船などは昔から通っていただろうという反論がやってくる。たしかに教科書には、その航路が記されていて、関門海峡を抜けていくように描いてある。しかし、私は信用しない。

古い絵馬や絵図には、大陸へ渡る船として帆船が描かれている。一方、瀬戸内を航行する船は大多数が櫓櫂《ろかい》船である。大海を渡るときは風の力に乗ればよいが、潮の速い瀬戸内を抜けるには櫓や櫂という人力を駆使する必要があったためだろう。

つまり遣唐使や宋との交易の時代には、海の状況に応じて船を乗り換えたり、荷物を積み替えたりして海路をたどっていたのではないだろうか。関門海峡を大型船がどんどんと通るようになったのは、江戸時代も中期の北前船航路が整備されたころではないだろうか。海峡にあった暗礁や障害物を取り除くためには爆薬が必要だ。戦国時代には火薬はあったが、軍事利用に限られていただろう。それが平和な時代を迎え、民生用に使えるようになってから海峡が開削《かいさく》されたと考えれば、時代が符合する。

海峡が交通の要衝として価値が高かったなら、家康はこの地に天領を定めただろう。それをしなかったのは価値がなかったからだろう。幕末に長州藩が豊かに資金を使えたのは、海峡に付加価値がついたからで、それまでの交易船の経路があった薩摩や土佐と仲が悪くなっていた理由の一つと推測できる。

長門一の宮から二の宮のある長府へと歩いて峠を越えると、ほんの一時間あまりで瀬戸内海側に出られた。座礁のリスクが高い海峡を船で押し渡るか、安全に峠道で荷物を運ぶのか、現代人には想像できない古代の人々の思いが、その道には刻まれている。

小平家《こべけ》（二〇一四）

水産大学校のある下関市といえば、何をさておいても河豚《ふく》が有名だが、もうひとつ壇ノ浦の源平合戦も欠かせない歴史だ。その関門海峡には奇妙な甲羅をした平家ガニがおり、滅亡した平家の怨念《おんねん》がこもっていると言われる。さらに、あまり知られていないが小平家《こべけ》と呼ばれる小鯛の伝説も伝わっている。

瀬戸内海の海峡といえば、明石も鳴門もマダイの名産地だが、関門ダイというのはあまり聞かない。実際に釣り人や漁師に尋ねても関門海峡では四〇センチを超えるような大きなマダイは見当たらないという。手のひら程度の小鯛はたくさんいるが、どうして大きなタイはいないのか？　これこそ平家のたたりだと伝えられている。海に身を投じた女官たちが小鯛に生まれ変わって群れていて、地元ではそれを小平家と称して愛《いと》おしんでいるという。

関門海峡には、ワカメの神事で有名な和布刈《めかり》神社が九州側にあり、安徳天皇を祀《まつ》り、平家一門の塚もある赤間神宮が下関側にある。竜宮城のような海で、ワカメの林を赤い小平家（小鯛）が泳いでいるとすれば、たしかに絵になる光景である。

しかし、残念ながら実際はそうではない。マダイといえば色の赤さがおめでたい特長だが、赤い魚が生息しているのは深い海である。すくなくとも水深二〇メートルは欲しいところだ。ところが関門海峡は壇ノ浦あたりでは水深が十二、三メートルしかなく、大きなタイがひそむには深さが足りない。海峡地形は潮流で浸食され、徐々に深く広がっていくものだが、関門海峡はできて六千年という若い地形であるため、まだまだ浸食不足なわけだ。

そのため、好奇心旺盛な小鯛は集まってくるが、大物は海峡の西口にある六連島《むつれじま》より外の響灘に出ないとお目にかかれない。そのせいだろうか、関門ダ

コ（マダコ）は天敵が少ないため、のびのびと暮らしているように思われる。冬の時期の明石ダコは大物ではあるが、ちょっと硬いのが難点だ。

一方、関門ダコは少しソフトで食べやすく感じる。マダコにとっては大きなマダイはやっかいな存在なのだろう。

月一回だけれど、下関の唐戸市場において魚食普及の教室（唐戸魚食塾）にボランティア参加している。フクの問屋さんや料理人、大学の栄養学系の先生たち、それに市場関係者などが加わっているので、教室の準備やあと片づけ、なにより後の反省会が楽しみだ。

その席でいつも話題になるのが「なぜ下関がフクのまちになったのか」という疑問だ。毒があることから長く禁制が布《し》かれていたが、明治になって伊藤博文が解禁したことをきっかけにフグ食が盛んになったと言われている。フグ食の一番盛んな地は大阪で、てっちり、てっさは大阪名物にもなっている。大阪ではどちらかというと大衆的なイメージがあるかもしれない。それが下関では、フク刺し、フク鍋として食し、あくまで高級志向が強い。販路も東京や京都の高級店が狙いであるようだ。

江戸時代の半ば、北前船の西廻り航路が整備され、日本海経由で北海道まで海上交易路がつながってから、下関は荷物の中継地として繁栄の時代を迎える。商取引や維新の時代における志士の会合など、宿や料理茶屋がにぎわいを見せたことだろう。

そのとき料理の主役はなんだったのだろうか？ 和食の宴席には刺身が欠かせないから、西日本では高級白身が求められる。三大白身といえばタイ、ヒラメ、スズキだが、めでたいタイが筆頭に求められる。しかし、先にも紹介したように、関門海峡では大きなタイが獲れないから苦労したことだろう。

伊藤博文はフクのうまさに感動して禁制を解いたと言われる。しかし、彼こそが料亭政治の草分けだと考えれば、タイのいない宴席では間がもたないから、禁をおかしてフクの登場を願ったのではないだろうか。

一般の会席料理の場合、先付けの前菜から始まって、椀もの、刺身、焼き物、煮物などが続き、ご飯、水菓子で終わりとなる。お酒も入るから、その進む速さは一定ではないが、次から次へとやって来て、仲居さんの出入りも頻繁だ。ところがフク料理の場合、先付けはともかく、大皿のフク刺しが出ると次の料理までの間が長い。刺身を楽しむ時間をたっぷりとるようで、この間は仲居さんの出入りがなく、重要な政治談義に邪魔が入らないポイントとなる。

フクはもちろん高級だが、宴席を重要な密談の時としてとらえるなら、一般の会席料理よりフク料理の方が「間が良い」と言える。ここに料亭政治の場を提供するものとして、フクの需要が伸びていったのではないだろうか。

ちなみに大阪のフグ好きは、フグの皮（てっぴ）とアラ（骨付き肉）ばかり注文する。てっさ（刺身）は客のいるときか、スポンサーのついたときに頼むだけで、普段はてっぴをあてに飲んで、アラをつついて雑炊《ぞうすい》で仕上げる。まさに「始末な」食い方を旨としており、これでは密談にならないわけだ。

下関は良い白身魚に恵まれなかったがために、毒魚であったフグを食べる技を磨き、その料理の「間」という貴重な時間を手に入れたのではないだろうか。シーズンの終わりに、もう一度フク刺しの大皿を囲み、天下国家を論じてみるのも一興《いっきょう》だろう。

話を小平家に戻そう。

下関漁港には以東底引き網の水揚げがある。以東底引き網漁業は山口県萩市見島から長崎県の対馬あたりまでを漁場として活動しており、アンコウ、ヒラメ、キダイ（れんこだい）などを水揚げしている。この中でキダイはマダイより深場に棲《す》むことから、あざやかな赤さを誇る。頬《ほお》に黄色い化粧をほどこした美人だが、身が少しやわらかいことと、手のひらサイズが標準という大きさの点で見栄えがせず、価格が伸びない種類だ。かつて結婚式の引き出物に折り詰めなどが出されていたころには、一人前の焼き鯛として重宝されていたのだが、いまでは重い荷物になるとして廃《すた》れてしまっている。下関の漁業関係者は、これをなんとかして売れるように工夫できないかと試行錯誤を重ねている。

手間をかければ福井県小浜の名産である「小鯛の笹漬け」に持っていくことはできるけれど、もう少し手軽で、下関らしい代物にしたいところだ。とくに下関の醤油や味噌は、関西系や関東系と異なり、九州系に近い甘口が特長だ。そのため魚の煮つけの味もほんのり甘めが好まれている。

やわらかな味わいのキダイを生かすには、あっさりとした煮つけにし、その出汁を活かした「鯛そうめん」にするのがおしゃれだろう。幸い下関には菊川そうめんという地場産品がある。手のひら大の小鯛とはいえ、骨格構造は同じなので「鯛のタイ」と呼ばれる特徴ある骨を探してみるのもおもしろい。高齢者にすすめてみると昔の記憶につながったのだろうか、熱心に頭の骨をしゃぶりつつ、小骨の中の七つ道具探しに取り組んでおられた。こちらは天下国家より、自分へのご褒美に似合いそうだ。

小平家（こべけ）　手のひら大のマダイ

海砂と浚渫土砂　（二〇一四）

響灘に面する水産大学校から南を向けば関門海峡の西入口を押さえる六連島が遠くに望める。この島はウニをアルコール漬けにした瓶詰めの発祥の地として知られる。その島と本土のあいだに人工島が建設され、長州出島と名づけられている。

そもそもこの長州出島は関門海峡の浚渫土砂を処分する先として計画されたものだ。一応は下関港の港湾区域として都市計画にも組み入れられているが、冬になれば季節風がまともに吹き抜ける位置だけに、大型船の接岸や潮風に弱い施設の進出は望めないという利用上の難点もある。一九九五年の着工以来、土砂処分は着々と進んでいるようだが、恒久的な利用形態は定まっていないようだ。

関門航路は瀬戸内海を西に抜けるには欠かせない

ルートで、毎日七〇〇隻あまりが通航している。ただし、もっとも狭い早鞆《はやとも》の瀬戸あたりで水深は十二メートルしかなく、五万トンを超えるような大型船は積み荷を加減せざるを得ず、それ以上の巨大船は九州の南を迂回することになる。現在、その水深を十四メートルに掘り下げる工事や航路の拡幅《かくふく》なども進められているが、浚渫の理由はそれだけではない。

関門海峡は潮流が川のように流れ、海中の何もかもを流し去ってしまうような印象をもたれるが、案外と土砂がたまって航路が浅くなることが多いようだ。とくに瀬戸内海側の東航路は周防灘《すおうなだ》の地形的な関係で、どんどん泥がたまる構造になっている。このため航路を確保するために継続的な浚渫が欠かせないわけで、これは同時に浚渫土砂の処分場を次々と拡大確保していかなければならないということを意味する。

周防灘は瀬戸内海西部の海域で、山口県と福岡県、大分県に囲まれ、東は伊予灘に続いている。西口の関門海峡は狭くて浅いが、東に行くに従って徐々に深くなり、伊予灘はそれより一段と深くなって、豊予海峡につながっている。周防灘はおおむね平坦な泥質の海底地形というのが特徴である。

潮流は上げ潮が西流、下げ潮が東流であり、残渣《ざんさ》流はおおむね反時計回りに回っているが、さほど強くはない。このため風の影響を受けやすく、台風などで南ないし東風が続くと高潮になりやすい。また、冬の季節風が北西から吹き続けると、表面水が東へ運ばれるのと入れ替わりに底層水が西へと吸い寄せられる。このとき海底の泥も一緒に西に運ばれるため、周防灘西岸には中津干潟や曽根干潟など広大な干潟が広がることとなったようだ。

関門東航路は、こうした地形的な条件から泥がたまりつづける宿命を背負っている。これは苅田《かんだ》港や新門司港も同じであって、これらの港の水深を維持するためには土砂浚渫を続けなければならず、その捨て場も拡大し続けなければならないといわれている。関門西航路においては、土砂堆積は東よりはましなようだが、洞海《どうかい》湾をはじめとする北九州港湾で大型船運航の利便性と安全性を高めるための浚渫は続けられており、こちらも土砂処分場は拡大が求められ、冒頭に述べた下関市の長州出島になっているわけだ。

周防灘はもちろん関門海峡西側の響灘も瀬戸内海環境保全特別措置法の適用海域であることを考えると、こうした埋立て処分が永遠に続けられるというのは容認できない事態ではないだろうか。

話変わって、下関名産のトラフグが資源的に危機に直面している。天然トラフグの漁獲はこのあたりでは日本海や玄界灘、東シナ海が中心であるが、産卵場としては瀬戸内海や有明海など内湾の砂地が重要である。トラフグの養殖技術が進歩して、産卵親魚から採卵して稚魚を育てる種苗生産も順調に行なわれるようになった。養殖種苗としてはそれで良いのかもしれないが、天然資源を回復させるために自然の海に放流する栽培漁業の面ではまだ不十分なようだ。

生まれたトラフグの稚魚は沿岸の砂地に暮らし、やがて沖合いの親の分布域に移動していく。この初期の生息場所はエサが豊富で天敵から逃れられることが条件で、関係者はナーサリー（養育場）と呼んでいる。砂地の小魚たちは天敵が来たり、底引き網が迫ってくると多くが砂にもぐって難を逃れる。トラフグの稚魚もイカナゴやベラなどもそんな生態がある。砂場があって、もぐれることが生き残る上で重要だ。

ところが種苗生産施設ではコンクリートやプラスチック容器で育てられるために、砂にもぐる動作を身につけないまま世に送り出されるケースが見られる。養殖種苗なら安全な生け簀に行くだけだから問題はないが、弱肉強食の自然の海では、この砂にもぐる学習が生死を分ける。

かつて、クルマエビの種苗生産でも、種苗水槽に砂を敷いて育てる方法が編み出されるまで何年もかかったが、トラフグでも同じ轍《てつ》を踏んでいるようだ。水槽に敷くために入れるべき砂の性質を早く解明する必要があるだろう。おそらく泥まじりの砂より、産卵場と同じ環境の、清水に洗われた小粒の砂に貝殻の破片が入りまじっているものが妥当だろうと思われる。

そんな砂は周防灘では干潟地帯より岩礁地帯の周辺にある。また、玄界灘側だと六連島や蓋井島の沖などに広く分布していた。ところが、瀬戸内海ではほとんど禁止された海砂採取が玄界灘ではまだ行なわれているという。コンクリートの骨材《こつざい》にされる海砂は、まさにトラフグの産卵場の砂である。こうした良質の砂が採取されつづけるのもいただけない話である。トラフグ資源の回復には海砂の回復が欠かせない課題だと強く主張しておく必要があるだろう。

さて、片や浚渫土砂の処分場で埋立てが続けられ、その一方で海砂不足の問題がある。両者は同じ性質の砂というわけではないが、余って困っているものと足りないものを結びつける工夫はないものだろうか。国土交通省の北九州港湾空港事務所では北九州空港島の土砂処分地において、処分土砂の減容化を図る実験として、水を含んだ泥を圧縮脱水し、瓦のような固形体に改良することに成功した。その成果物はさっそくその処分場の堤防のかさ上げに活用され、減容化とともに処分場の収容能力のアップにもつなげられている。しかしコスト面ではかなりの負担になるようで、現在は実験を終了した形になっている。

瓦のような硬い素材を今一度粉砕してコンクリートの骨材にできないものであろうか。海砂の土木用用途の一部でも置き換えられれば、それだけ現場の海砂は助かるし、土砂処分場も寿命が延びて、新たな埋立ての必要性が遠のくのではないだろうか。

瀬戸内海の保全と土砂をめぐる矛盾を乗り越える

「新たな海洋産業」の登場に期待する。

第四章　料理と食の安全

だしジャコの選び方　（二〇〇五）

朝食に味噌汁がつくというのも、もはや定番ではなくなってきたようで、学生アンケートでは朝食をとる者の中でも二割を切っているありさま。パンにコーヒーというモーニングスタイルから、シリアルなどアメリカ式もあるが、お菓子のようなもので一時つなぎをしている者も稀《まれ》ではなくなっている。和食にしても家族の食べる時間がそろわないことから、味噌汁をつけないところも増えているようだ。

味噌汁つきといっても油断してはいけない。インスタントが半分以上を占めている。お湯を注ぐだけだから、コーヒーやインスタントスープ類と変わりない手軽さで、朝のあわただしい時間の中で重宝がられているようだ。その結果、夏休みに下宿から里帰りする学生たちの置き土産にさまざまな食材があったが、手つかずのだしジャコが複数出てきた。尋ねると使い方がわからないと言う。お湯を沸かして野菜を煮立て、上からパラパラとだしジャコを放りこんだけれど、おいしくなかったと言う。当たり前だ。インスタントラーメンの粉末スープじゃあるまいし、他の材料を煮てから入れても手遅れである。

後期の授業準備のつもりで、だしジャコ（イリコ）の特徴を整理しておこう。

だしジャコ（イリコ）は、一般的にはカタクチイワシが原料だが、土地柄もあってトビウオやアジなどの素材も用いられる。材料魚を干すだけでは変質しやすいので、一度煮て魚の細胞がもっていた酵素を破壊し、その上で天日や乾燥機で乾燥させるのが煮干し法だ。

魚類以外に、ホタテガイの貝柱やエビ類、干しアワビなどにもこの加工法を用いる。

　煮干しイワシは新鮮なカタクチイワシを洗って蒸《せい》籠《ろ》に並べ、沸騰した二パーセント程度の食塩水に入れ、再沸騰するまで煮上げて水切りをして乾燥にまわす。このときの材料魚の鮮度がだしジャコとしての価値を決める。

　魚の成分は死んだあと、変化を続ける。魚のうま味のもとであるイノシン酸は、細胞のエネルギーをつかさどるＡＴＰという核酸が酵素の作用で変化したものだ。魚が死ぬと死後硬直といって身が硬くなる。このとき、細胞のエネルギー放出にＡＴＰが使われるのだが、酵素の働きで細胞の中にイノシン酸が生まれる。さらに時間がたって魚の腐敗が始まるころには、イノシン酸がさらに酵素で分解されてヒポキサンチンという物質に変わる。イノシン酸はうま味の成分だが、ヒポキサンチンはおいしくない。こうした変化は酵素の働きで進むから、煮るという加熱によって酵素を壊せば、その時点のイノシン酸を確保することができるわけだ。

　言い換えると、煮干しはうま味成分であるイノシン酸の缶詰だと思えばよい。ただ、鮮度の悪くなった材料を使うと、加熱時点ですでにイノシン酸が失われるなどの難点もある。できあがった煮干しからこれを見分けるにはどうしたらよいだろうか。

　筆者は煮干しの山をにらんで、魚の形に注目している。イワシがピンとまっすぐに伸びて乾燥されている場合、これは一番鮮度の良い状態だが、まだイノシン酸が十分に増えていない段階だ。そのまま食べるお正月のゴマメなどの用途には良いが、だしをとるには不十分なものだ。また、腹が切れて背の側にそっくり返っているものは、鮮度が落ちてイノシン酸も失われているので好ましくない。結局、腹側に首を曲げ、うつむいたような姿勢のイワシなら、ちょうどいい鮮度で加熱され製品化されたものだと推察できるわけだ。

この他の味に関わる要素としては脂肪酸がある。魚だから脂をもっているのだが、脂が乗った冬のイワシは、煮干しとしてはあまり好ましくない。健康的といわれる不飽和脂肪酸が多いのは良いことだが、乾燥保存するときに脂肪が酸化すると舌をさすような味になる。ほどほどの脂肪含量のカタクチイワシが原料にされている必要がある。その意味で、買ってから日にちの経っただしジャコは、使う前に内臓とえらをむしりとった方がいいだろう。

煮干しイワシのだしのとり方に戻る。五センチほどの大きさならそのまま使うが、大きなものだと頭とはらわたを除き、身を裂いて使う。市販のこし袋に入れられたタイプには、裂いた身を乾煎《からい》りし、荒めにすりつぶした粉状のものが入っている。袋から出してしまうとこし取るのが大変だから、袋ごと使うタイプになっているはずだ。使うときは水から入れ、火をつけて数分沸騰させ、アクをすくって取り出す。料理屋の中には、火を止める前に焼き火箸を汁に浸けてジュッといわせて臭み抜きをしたり、酒を少量振ったりするところもあるが、家庭用にはそこまで手を入れる必要はない。

このあとに味噌汁の具になる野菜やワカメを加えて火を通し、仕上げに味噌を溶き入れて味噌汁の完成だ。昔は当然知っているものだと思っていたが、いまでは大学生の合宿の際にも講習会を開かなければならないほどだ。魚の食べ方や味噌汁のつくり方、そうした生活の基礎知識がちゃんと伝わっていなくて困る。米の消費の低落、食料自給率の低下も余儀ないかとあきらめ気分になりそうだ。

さて、学生たちが残していった半年前のだしジャコだが、ちょっと手を加えてスナックにしておいたところ、ビールのあてに良いと評判で数時間でなくなってしまった。だしジャコは、頭と内臓を取り除いて少量の日本酒を振りかけておく。てんぷら粉を溶いて、塩コショウ少々で衣に味をつけ、酒でふやけただしジャコをくぐらせて揚げ物にする。これだけのことでおつまみに変身して、食料庫の在庫一掃になり、ビールもおいしくいただける。

「先生、イワシっておいしいものですね」などと暑中見舞いに書いてきた連中は、里帰りの実家で試してきたのだろう。獲れても売れない魚の代表として、日本中の漁村で持てあまされているカタクチイワシだが、ちゃんとした扱い、ちょっとしたアイデアとひと手間で話題豊かな食材になる。食育も理屈ばかりでなく、実践から進める必要があるなと思うこのごろである。

瀬戸内海にもコンブの試み　（二〇〇五）

この春も生のコンブをいただいた。明石市沿岸で試験的に養殖されつづけているもので、乾物屋《ひものや》さんにある昆布とは違って、出汁《だし》をとるというより、そのまま料理して食べる素材だ。三陸地方の養殖業者から種糸を分けてもらい、ワカメ養殖の施設に吊るしておくと春先には数十センチから一メートル以上にも成長する。葉の肉厚はさすがに本場並みとはいかず、ワカメとコンブの中間辺りだが、たしかにアラメでもワカメでもなく、れっきとしたコンブだ。

ここ数年、中国に行くとコースメニューの中に一品はコンブを使った料理が入り、かの地でもその有効性が理解されてきているのだなと感心している。細長く糸切りにしたものをキクラゲ、ピーマン、ニンジンなどの糸切りとあわせて炒めものにし、ごま油の香りでいただく。少し唐辛子が利いて食欲が進む。脂っこい印象の強い中国料理にも海藻のヘルシーさが求められるようになった面もあるだろう。

あるいは、沿岸域の生態系を改善するために取り組まれているコンブ養殖が拡大したという背景もあるのだろう。中国沿岸での昆布の増産には目を見張るものがあるという。

明石でいただいたコンブもその中国流で調理すると、少しねばりは出たが、おいしくいただくことができた。ねばりは生のまま使ったため、海藻の表面にある粘液質のヌルヌルが十分にはぬぐい落とせていなかったせいだろう。しかし特長的なことは翌朝に起こった。お通じが普段より多くあり、おなかの掃除ができたと実感できたのだ。なるほど普通に摂取するより数倍多い昆布を食べたわけで、しかも生原料だったから、いっそう効果が大きかったようだ。

中国では輸送と保管の観点から、やはり乾物を利用している。出汁をとった後のものを有効利用して先の料理に仕立てているので、ぬめりは少なく、消化吸収も良い。こちらでも乾燥させればよいのかもしれないが、ワカメなら干しあがる浜の風でも、少し肉厚のコンブだとなかなか乾きが悪い。もたもたしていると温かい日差しでコンブが蒸れてしまう難もある。なかなかむずかしいものだ。

いずれにしても、本場の北海道から遠く離れた瀬戸内海でも、コンブを育てることはできる。栄養不足で悩んでいるノリの後継養殖品種として、また、海水を浄化する人工藻場をつくり、沿岸に稚魚たちの隠れ場を提供するという観点からも、実用的なコンブ養殖体系を編み出したいものだ。

続けて、北海道の本場から道南の白口昆布が送られてきた。三月に送ったイカナゴのくぎ煮のお礼のようだ。こちらは完全な板状に乾燥させた出汁用昆布の逸品《いっぴん》だ。白口昆布というのは昆布の断面が白く、薄く削った「おぼろ昆布」にするとその特長が生きる。さっそく定番の湯豆腐にしていただく。出汁昆布一枚を贅沢に使い、豆腐を泳がせる。温まった豆腐は薬味しょうゆにカツオ節を振りかけていただく。昆布から出たグルタミン酸とカツオ節から出るイノシン酸が相乗効果をあげて旨みたっぷりな仕上がりだ。

湯豆腐の後、出がらしになった昆布は短冊状に切りそろえて自家製の塩昆布に仕立てる。しょうゆを沸騰させないよう弱火でじっくりと昆布を煮詰めていくと、昆布にしっとりと味が乗ってくる。仕上げにみりんを垂らすとさらにつやがでて輝いてくる。

日が変わって一メートルほどのサワラが手に入った。産卵期で腹に大きな卵巣を抱えた大物だ。卵巣は塩漬けにして「からすみ」に、片身は西京味噌を使って味噌漬けに、後の片身を刺身にしようとしたが、どう考えても多すぎる。そこで半分の身に塩をして二時間、酢水で塩を洗い落とし、これも酢水で表面をぬぐった昆布にはさんでラップでくるみ、冷蔵庫へ。翌日にはおいしいサワラの昆布締めができた。サワラの釣りものが手に入ると必ず刺身で楽しむが、このように昆布締めにしても味わいが深くなっておいしくいただける。サワラ以外にも、タイやスズキなど白身にぴったりだし、サバやメバルなどでは昆布をたっぷり使った酒蒸しにする手もある。いただきものの昆布は大事にしまいすぎて変質させることが多いのだが、季節の魚と出合わせると本当に楽しみが多く、送ってくれた方の心が身にしみる。

　大阪府側の港湾化した運河のような海で、環境改善と環境教育のためコンブの移植試験が行なわれた。海への張りこみは順調だったが、しばらくしてから見に行くと枯れてしまっていたという。水温や濁度なども調べられたようだが、問題は海水の動きだろう。運河状になった水域は、波も穏やかで船の停泊にはもってこいだ。養殖施設を仕掛けるのも、港の管理者の了解さえ得られれば作業としても容易だし、子供たちの見学も可能だ。

　しかし、コンブなどの海藻は同じ海水の中に浸《つ》かっているだけでは成長できない。常に新しい海水に触れ、新たに運ばれてきた栄養分を吸収して育つものだ。同じ海水にひたっていると、身のまわりの海水の栄養分を吸収してしまったら後がなくなる。成長が止まると、珪藻などの付着物が葉体をおおい、コンブを枯らしてしまうのだ。

　明石でうまく行っているのは、西からの季節風が当たり、潮流の影響も大きい場所を選んでいるからだ。海水がどんどん入れ替わるところで養殖しているから、付着物が増えるより速くコンブが成長するのでうまくいくわけだ。試験を継続すれば、失敗もあり経費もかかるのでつらい事にもなるが、年々経験を積み重ねることによって、海とコンブの相性を見いだすことができる。そしてうまく育ってくれたコンブは、ちゃんと干して昆布に加工するのはもちろん、生のままでの調理にも挑戦したいものだ。

以前、学生の質問に苦笑したことがある。おいしい昆布のお出汁を飲んで思ったらしいが「北海道の海はお出汁の味がするのかな」という。コンブの大産地が北海道だと言ったので反応してくれたのだが、大人でも疑問に思うようだ。案内について来てくれたバスガイドさんもノートをとっていた。

コンブは生きているときにはその成分はじょうぶな細胞膜の中にあって、そのままでは溶け出さないようになっている。それを浜に上げて広げて乾燥させると、じょうぶな細胞膜がひび割れして、中のおいしい成分が出やすくなる。乾物にするのには、水分を減らして細菌の増殖を防ぐという保存の意味と、こうした細胞の成分を出やすくする意味の、二つの意味があるわけだ。

コンブの海中林が増え、その中をメバルやアブラメの稚魚が泳ぎまわってほしいものだ。

ノロウイルスとの付き合い方　（二〇〇七）

寒い冬、何が楽しみだといって生ガキを海のスープごと口にふくみ、ほろ苦さとともにのどに送りこむ、あの感覚ほどすてきなものはない。続いて好みのお酒を流しこむと口の中からのどの奥まで幸せが広がる。パソコンに向かって原稿を打ちながらではあるが、昨夜の余韻《よいん》がまだ鼻腔《びくう》の奥に感覚として残っているくらいだ。近ごろは殻つきの生ガキが出回っており、かなり手軽に味わえるので良いレモンが手に入ると触手が伸びる。しまなみ海道のそばで育てられている青いレモンがお気に入りだ。

そんな楽しみが遠ざかるのではないかと心配させる出来事がノロウイルスの流行だ。とくにこの冬は身近に感染者が多くて気になる。知り合いが何人か、激しい胃腸炎にかかった。集団食中毒というわけではなく、それぞれ別の暮らしをしている中で十一月中旬から多発している。当初は急な冷えこみで風邪をひき、それが腹痛につながったのかと思っていたが、激しい下痢と嘔吐《おうと》が続き、果ては手足がしびれてくるという共通の症状があった。救急車で病院に運ばれた者は痛みと苦しさから過呼吸におちいり、手が硬直を起こすなど、余分な症状まで併発する始末だ。

お医者さんによると、こうした胃腸炎がかなり流行していて、深夜でも三十分ごとに患者が運びこまれてくる病院もあるという。風邪だとか、軽い食あたりだと思ってやり過ごしている方も案外多いかもしれない。しかし、幼児や身体の弱っている高齢者などは脱水症状から死に至ることもあるという。

感染性胃腸炎の中でもいま多いのがノロウイルスと呼ばれるウイルス性のものだ。数年前まではカキの食中毒として知られ、SRSV（小型球形ウイルス）と呼ばれていた。ふつう食中毒といえば高温多湿の夏場に多いものだが、このノロウイルス感染症は冬場に多いのが特徴だ。だから十一月の木枯らしを待って大発生に移ったのかもしれない。

近年、ノロウイルスが話題になるようになったのは、電子顕微鏡による観察や、抗体や遺伝子レベルでの検査法が技術的に発展してきて、検出されやすくなったからという面もある。また、実際に発生頻度が高まってきたという面もある。心配なのは後者のほうで、私たちの暮らしの根深いところに原因があると考えられる。

ノロウイルスはヒトの小腸でのみ増殖する。だから、食べ物が腐っていたことが原因ではない点が、他の食中毒と異なる特徴だ。感染したヒトの小腸で増殖して、下痢便や吐出物《としゅつぶつ》として体外に出る。それが口を経てわずかでもヒトの体内に入れば感染する。もちろん感染しても発症しないで済む人もいるし、軽症で済む人もいる。しかし、問題は身体が弱っている人にはかなりのダメージを与えるということだ。

まわりに感染者がいない場合に感染するケースとしては、一番にカキを生食したときがあげられる。これは、人から出た排泄物が海に広がり、海水を大量にろ過してエサのプランクトンを得ている二枚貝類に取りこまれるためで、カキの生産地帯が大都市近郊の沿岸部であることも関係している。

たとえば広島ガキの場合、広島市民の排泄物が、流域下水道を経て広島湾に放流される。その沖にカキの養殖いかだがあるわけだから、ノロウイルスがいれば、そのままカキの体内に取りこまれるわけだ。他の二枚貝にも同じ仕組みで入る可能性はあるのだが、アサリやハマグリを生で食べる機会は少ないし、彼らは海底にいる。下水処理されたとはいえ、その処理水はほとんど淡水だから、海の表面を流れる。だからいかだにつるされた浅い海にいるカキが、生食の面もあって問題になるわけだ。

「そうそう、下水処理されているではないか！」という声も聞こえてきそうだ。たしかに大腸菌などの細菌は下水処理で除去できるのだが、ウイルスはくぐり抜けてきてしまう。ノロウイルスの場合、患者の吐いたものが付着したカーペットに十日ほどたってから接触した人にも感染者が出たという例があるらしく、結構しぶといといわれている。それに流域下水道は十万人以上の人々の排泄物を引き受けているわけだから、従来はあちこちの野山に広がり薄まってしまうものが、一点集中で出てくる問題もあるわけだ。

だから生ガキを食べたければ、都市の下水処理場から遠くはなれた、外洋の水に洗われるところのものを選ばないと安全だとはいえない。こうなると、外海に面した磯でとれる、天然のイワガキに頼るしかないか、と思われるが、これにも落とし穴がある。天然のイワガキも、漁獲されたあと、集荷のために大きな漁港の蓄養施設に集められる。そこでくみ上げた海水にさらされて出荷を待つのだが、このくみ上げ海水は漁港内のものだ。その漁港に下水処理場があったらどうなるか。結果的には広島湾と同じことになってしまうのだ。

こうなると、ノロウイルスが失活（死んでしまう）する85℃で一分以上の加熱をするしかないわけで、これでは中身まで熱が入ってしまい、カキの面白みがなくなってしまう。カキ好きとしては身体の健康状態をチェックし、最良のときにリスクも覚悟して食べるしかないのだろうか。

最近の胃腸炎についていえば、こうしたカキなどの素材からやってくるものより、感染者からまわりの人に感染していく二次感染のケースが増えている。このようなウイルスは昔からいたはずだし、これまでにも被害を与えていたことだろうが、ほとんど問題にされていなかった。原因のウイルスが見つかっていなかったからというわけではなく、実態として被害が少なかったのではないだろうか。

私たちの身のまわりは、見たところ清潔になってきた。野山もコンクリートで固められ、汚物がたまるところも少なくなってきた。しかし、多様な生き物がさまざまな形で暮らしていた雑多さ（生物多様性）もなくなった。かつては、人間の身体から出たものは堆肥にされていた。あるいは土に触れ、川や池をある面で汚しながらも微生物に分解されて、やがては栄養分となって植物などに利用されていった。それがいまでは下水管を通り、処理場を過ぎ、そのまま海に流される。海辺はコンクリートで固められているので、下水は芦原やアマモなどの海草に触れることもなく、カキが育つ場所に届いてしまう。

身のまわりの暮らしにおいても、除菌抗菌グッズを使うことがあたりまえになり、常在菌としてヒトの味方になってくれる微生物もいなくなってしまった。

多様な生き物がいない環境では、ヒトでしか増殖できないウイルスが、他の生き物の身体に捕らえられることなく、再びヒトの身体にめぐってきてしまう。これが最近ウイルス病が目立つ理由ではないだろうか？　とばっちりの風評被害を受けて、カキの売れ行きがさっぱりという。過剰反応も問題だが、私たちの文明にも根源的な問題があるのではないだろうか。

「食の安全」は旨いか？（二〇一〇）

下関は魚どころ。おいしい魚が多いので、うれしい悲鳴をあげている。刺身も良いが、鍋ものにもはまってしまう。ところが鍋に入れる野菜で、こんなにも味が違うのかと驚くこのごろだ。この冬は野菜も安値で助かると思っていたのだが、値段に釣られて買ってくるものは、きれいな姿でおいしそうに鍋の横に切りそろえられる。しかし、食べてみると野菜を食べた感触はあるのだが、味わいがなんとも出てこない。白菜しかり、大根しかりだ。

下関ではいつでもスーパーで鯨肉が手にはいるので、はりはり鍋に挑戦するのだが、最近の水菜ではさっぱり野趣がない。きれいだから生野菜サラダになるのだが、以前の深みのある味わいにならないのだ。そういえば、京野菜でも知られる水菜は、以前は白菜並みの太い株で売られていたが、いまでは水耕栽培になったせいか、皆ほうれん草並みの小さな株で売られている。つくりの違いは育てられる環境の違いから来ており、かつての土壌のアクも引き受けていた野の味が、人工的な液肥だけで育てられてはクセの出しようもない。ドレッシングで化粧して食べるしかないのだろう。

大根でも品種や肥料の違いだろうか、すり下ろすと水ばかり出るタイプが増えて、辛みの強い大根おろしは、あえて辛み大根を選んで求めないと味わえなくなっている。こちらも刺身のツマというより、大根サラダでドレッシング派が多いということだろうか。白菜もしかりだ。


毎年ある健康診断後の栄養指導で「野菜を食え」と言われるものだから、たっぷり食べられる白菜ステーキをよく試みる。蓋《ふた》付きのフライパンがあれば簡単につくれるので、単身赴任の身には重宝している。白菜の四つ割りを買ってきて、それをさらに縦半分に切る。テフロン加工のフライパンに油を小さじ一杯温め、その白菜を巴《ともえ》の形に入れて中火で三分焼く。軽く塩をふって蓋をし、弱火で十五分ほど蒸し煮にする。水を加えなくても野菜から出る水分でしっとりと仕上がる。単純にして、白菜の実力がはっきりあらわれる料理法だ。最近は、高温水蒸気で加熱する電子レンジや、タジン鍋というモロッコ渡来の調理器具などもあって、加熱した野菜の人気が高まっているが、右記の方法でも充分対応できる。

　その白菜ステーキだが、買ってくる白菜によって味の違いが如実にでる。白菜の甘さが出るものから水っぽいものまで、似たような値段でここまで違うのかと思わされる。「やはり地場産のものでないと」などと思ったりもするが、地元だから良いというわけでもないような気もする。おいしいものを置いてくれるお店に期待するしかない時代なのかもしれない。しかし、廃業した八百屋さんに尋ねると、育て方の素性のわかる品物を扱いたいのだが、消費者のほうは見栄えと値段で安そうな店に走ってしまい、良心的な品物だけでは商売にならない時勢だという。安売り用の大量仕入れのものと、値打ちの違うものを見分けることは販売店員でさえできなくなってきているそうだ。それに加えて、そんなこだわりを上回る調味料の開発合戦もあるという。言われてみると、スーパーのドレッシングコーナーはじつに充実しているし、鍋用のつゆパックも売られている。つまり、野菜に味がなくても、食べられるようになってきているのだ。

　魚はどうだろうか。かつては沿岸に来遊したときに獲っていて、その土地の味としてなじまれて愛されてきた味がある。たとえばサンマだが、千島から南下してくる夏の頃は脂がしっかりのっている。だから北海道から東北のあたりでは、その脂ののったサンマを楽しむ食文化が形成された。一方で、産卵を終えて脂の落ちたサンマは紀伊半島沖あたりに秋が深まってからあらわれる。こちらは脂のないことを生かしてサンマ寿司や丸干しにして楽しんできた。

　いずれも地元にとっては納得の味だ。しかし、広域流通ができるようになり、各地の漁獲物がどこにでも出回るようになると、食べ方や評価が画一化してくる。そして、納得のいかない部分を調味料で補おうとするようになる。「魚は脂ののったものが旨い」というのは、旬のものの多くに脂がのっていることから言われるわけだが、単に脂肪分が多ければ良いというわけではない。香りと相まって納得できる旨さになるのだ。

養殖生け簀で飼われると、魚は飢餓や天敵に襲われる心配がなくなることから、野生の気風が失われていく。そのせいか、魚種特有の香りも失われていく。脂肪含有量は太らせる飼育方法で増加するのだが、天然物にかなわないのは、どうもその香りのように感じられる。

野菜でいえばアクの部分かもしれない。その生きもの本来の味わいが、人工的に栽培される中で変質してきていることは一般にも知られているが、どこが違うのかという議論にはまだまだ曖昧《あいまい》なところがあり、これからの研究に待たれるところだ。

さて、タイトルに上げた「安全」と「旨さ」という点だが、安全な食を栽培しようとすると、シンプルに清潔にすればよいという発想になる。好感のもたれる要素を増やし、不快感の要素をできるだけ少なくしようとする。その結果、野菜ではアクの少ない品種が開発されるようになり、不安定な土壌栽培から安定しやすい水耕・液肥栽培がもてはやされるようになる。

魚では季節変動や個体差を小さくするために、選別と肥育にこだわるようになる。形が整っていることが「美しく」見える基本であり、それが安心感につながるからだ。曲がって傷ついた野菜より、すっきり形の整った品物から売れていく。魚もサイズがそろっていて、脂で艶《つや》よく見えるものが好まれる。

今の生産者サイドは、消費者の好みに敏感で、懸命に好まれるものを出していこうとしている。その努力の結果、本来の生きものの活動から生まれる独特の風味から、かけ離れたものをつくっているのではないだろうか。

食の安全は絶対に必要なものである。しかし、安全そうに見せる、あるいは感じさせることが主眼になっては、食の本質から離れていくだろう。本来の味や納得できる味から離れた食物を、調味料などで化粧して食べれば、みずからの味覚という安全の砦《とりで》を放棄することにもつながるだろう。

寒波襲来、荒波が打ち寄せる海岸を、時おりカワハギやイカが打ち上げられる早朝に散歩して、カラスより先に発見したら私のおかずになる。しかし、食べて大丈夫かどうか、台所で三枚におろしながら不安はつきまとう。姿をにらみ、臭いをかぎ、おっかなびっくりで口に含んでみる。安全かどうかは、おなかの調子に聞かなくてはわからないのだが、自分の五感を信じてチャレンジするのもおもしろい。しかし、自信のない方は避けたほうがよい冒険だ。

秋、干物の楽しみ　(二〇一六)

行楽の秋、馬肥える秋、どこに出かけてもお魚コーナーに足が向く。観光客向けの土産物屋さんより、地元の方が買いものに行くお店を見つけたほうが興奮度が高くなる。この土地の地魚はなんだろう？　旬の出合いはどんな組み合わせだろうか？　などとイメージをふくらませている。

しかし、最近の安全安心ブームには、いささか行

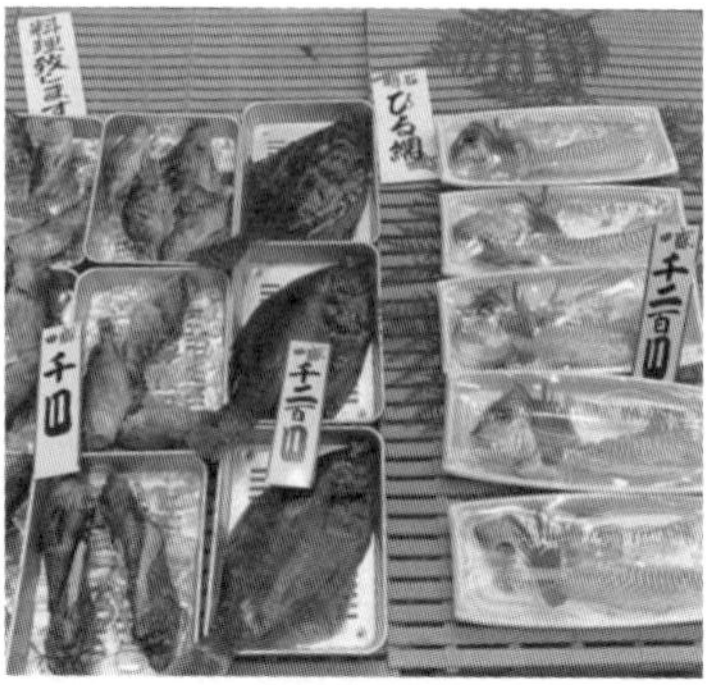

明石ひる網
左から、かさご、かれい、まだい

きすぎ感があって興をそがれる面がある。前の客が触れては困るので、厳重な包装がされていたり、保存食なのに賞味期限が短かったり、表示がこまかすぎて読み切れなかったりなど、現物の目利きを楽しみたい者にはストレスにもなっている。

「目利き」といっても自分の判定能力をいうのではなく、お店の人の眼力を信じられるかどうか、という「人を見る目」という意味だ。魚の鮮度は目でわかると言われるが、魚の目を見て判断できるのはかなり場慣れしている方々だ。私などは狙いの魚を前にして、お店の人に話しかけて、その人の目が泳ぐかどうかを計っている。自信ありげなお店だと買って帰り、正解だったら自分を褒《ほ》めて、外れだった場合は人を見る目が未熟だと反省する。

昔から秋は干物の季節だといわれる。漁村を歩くとスルメやカレイが干してあって、海の幸と共生している人々の暮らしぶりに思いをはせる。そんな時代は、もう三十年以上前のことだろうか。このごろでは干物は室内の乾燥場で整えられ、天日《てんぴ》乾燥をしているところなど、数えるほどだ。ハエがたかる、ほこりがつく、細菌汚染の恐れがあるなどと、お日様の効用が二の次にされるのも残念だ。

たしかに、衛生対策や製造物責任を問われる時代には、経営判断として、新しい衛生的な製造工程を明示していく必要がある。設備投資は大変だが、それが安全につながるなら経営者としても従業員としても納得だ。しかし、それで干物はおいしくなったのだろうか？

秋の干物というと、関西育ちの昭和世代としては、幼い日々に食べてきた開きサンマに郷愁《きょうしゅう》を感じる。今も時おり買い求めるが、開きサンマはサンマを背中側から開きにし、立て塩（塩水に魚を浸ける）をして干したもの。そのまま焼き網にのせて、じゅうじゅう脂がはじくようになったら食べごろだ。大根おろしを添えてかぶりつく。頭と背骨は残すものの、腹骨やヒレなどはカルシウムが摂れるとバリバリ噛みくだいていた。

明石の漁協に勤めだした昭和六十年ごろには、明石のサンマの開きが有名だと知った。それが明石家さんまさんにつながるかは定かではないが、明石の「さいら干し」として乾物屋さん業界では知られていた。その特徴は、サンマを開くときにえらの下から開くのではなく、えら蓋《ぶた》の頬《ほお》のところから包丁を入れる。それによって頭の付け根の背側についている「のうてん」と呼ばれる部位も開くことができて、身肉を無駄なく食べられるようになる。えらの下から開いたものでは、その「のうてん」が分厚いままになって乾燥がいきわたらなくなることがあるという。包丁使いの職人技と、そんな小さな身にもこだわる関西の魚食文化に奥深さを覚えた。

さて、自分でも干物をつくってみようとサンマを求めに行ったが、一匹二〇〇円以上すると、染みついた価格感覚からもったいなく思えてしまう。ふと隣を見ると太ったカマスが四〇〇円であった。高級魚だが、目の前にうまいものがあれば見逃す手はない。この秋、カマスがうまい。沿岸の多くの魚が不漁をかこち、やせてうまくないと不評を買っている中で、なぜかカマスはうまかった。

沿岸の磯近くに群れをなして流れるように泳いでいくカマスたちは、肉食魚で鋭い歯並びが恐ろしげである。磯を根城にして待ち構えるタイプのタイ類やメバル、カサゴ類がやせているのに対して、磯から磯へと流れまわるカマスが太っているのはなぜだろうか。沿岸一帯においてエサの分布が細くまばらになっており、待っているだけでは十分なエサを得られなくなってきたのだろう。エサの少ないところは見切りをつけ、次のエサ場へと渡っていく機動性がものを言っているのではないだろうか。

沖合の回遊性魚類で、サワラやシイラなど、機動性にすぐれた種類の漁獲が多かったのも、共通の理由ではないだろうか。このあたりは、資源研究者ばかりでなく、生態研究者にも突っこんだ分析をしてほしいところだ。


さてさて、カマスを仕入れ、頭の後ろから背開きにし、四パーセントの塩水に四十分ほど漬けてからベランダに干した。健康のために減塩がうるさく言われるが、魚をうまく食べようとすると一定の塩は欠かせない。それは塩味をつけるというよりは、塩に特別な役割をはたしてもらうためである。魚の切り身は細胞が切断されて空気にさらされる。そのままでは細菌に汚染されるばかりか、水分が抜けてパサパサになり、脂の酸化も進んでしまう。

そこで塩の出番だ。塩にはタンパク質を溶かす作用があり、切り開かれた魚の身に塩をふると、切り口の細胞断面のタンパク質が溶けてノリ状になる。それが乾くと膜状《まくじょう》になるので、組織の中が保護される形になる。要するに、塩は切り口を保護して、内部に適度な保水効果をもたらすのだ。あぶった干物を供されたときに、箸をつけると中から湯気が上がってくるのは、先ほどの膜が水分を閉じこめ、内部を蒸し焼き状態にして、おいしく仕上げてくれているからだ。

こう考えると、干物は保存食というより、時間をかけた調理法の一種と位置づけることができる。買ってきた干物を魚焼き器やレンジにあわせて切り分けて火にかけると、せっかくの膜のカバーが切れ、湯気が逃げて蒸し焼きにならない。パサパサの干物になっておいしくならないのには、そんな理由がある。干物はできるだけ丸のまま、弱火でじっくり温めるのがおすすめだ。

秋は魚の脂ののりが良くなり、風が涼しく乾燥することから、干物の季節といえる。どんな魚種を、どんな塩加減で扱うかが、腕の見せどころだ。

減塩ブームの折から塩分を控えたい場合には、灰干しという技もある。灰はアルカリ性で、アルカリもタンパク質を溶かしてくれるが、強さの加減がむずかしい。塩麹《しおこうじ》という方法もあると心得よう。

生食の魅力と危険性　（二〇一七）

アニサキスという寄生虫が評判になっている。サバやイカを生で食べるときには考えておかなければならないリスクのひとつだ。しかし、そのリスクを理解せずに提供している飲食店が増えてきた。数年前に牛肉の生食であるユッケや、レバーの刺身を提供して問題となり、生食禁止令が出たときと同じような背景を感じる。

生食が可能ということは、究極の新鮮さがあるということだから、なんでも生で食べられるのが最高というイメージがメディアを中心にふくらんできた。

たしかに、ユネスコの無形文化遺産として登録された「和食」の代表メニューには、刺身や寿司があげられている。しかし、なぜ日本において刺身が重要視されてきたのか、その理由を吟味しているのだろうか？　その点で、わが国の食ビジネス界に不安を覚える。

日本の風土をおおざっぱに見ると、夏は蒸し暑くて冬は寒冷。水は清らかで、植物の繁殖は速く、水田稲作によって主食の米を生産してきた。自然条件から見ると、高温多湿な夏は植物も繁茂するが、微生物も高い活性を示すため、ものが腐りやすい。枯れたり死んだりした生きものがすばやく分解されて栄養塩に戻り、次の生命の糧になる。これが物質循環の回転の速さを支えている。

冬は寒冷で農作業には向かないから、保存食でしのぐことになる。しかし、寒ければ微生物の活性も落ちるので、食品を保蔵できる期間が長くなる。

そんな風土に暮らす人々にしてみれば、非日常的なハレの時には、腕によりをかけて、また素材を求めて走りまわり、いわゆるご馳走を用意したくなる。あたたかい季節になれば山海の珍味が出そろってくるので、献立もにぎやかになることだろう。そんな時、一番値打ちがあって、喜ばれるものはなんだろうか？

高価か粗末かは別にしても、保存食であればいつでも用意できる。しかし、生もので腐りやすく、下手に扱うと食中毒を起こすものであれば、食べられる状態で提供するのがむずかしいわけだから、それだけ貴重であり、最上のもてなしと考えられたのではないだろうか。食品の栄養的価値からすれば、生ものは加熱に弱いビタミン類や酵素類を摂取できる食材であるため、身体の防カビや免疫力の向上に役立つと考えられる。しかし同時に微生物の繁殖や寄生虫など食中毒リスクが大きい。

刺身をはじめとした生食は、新鮮な素材が手に入り、きれいな水で清潔に扱うことができるという日本の風土であるからこそ可能だったわけだが、一方でその風土的制約のぎりぎりを極めた食べ物として、人々にあこがれられ、価値をもってきた。自然にある素材をそのまま食べるだけという原始的食生活の生食とは、文化的奥深さという点で、大きな違いがある。たとえば、毒魚といわれるフグをも、部位を腑分けすることによって、安全に食べられる食材に調理する技を磨いてきた。その専門家を養成し、資格を与えて食文化のワンシーンに登場させるほどになっている。

鮮度をそこなわないコールドチェーンなどの物流インフラは、日本の風土特性をのりこえるために開発され普及してきた、世界でもまれなシステムである。和食の海外進出や刺身食材の輸出がさかんに言われているが、風土条件や食文化が異なる地域の人びとに受け入れられるには、インフラ整備と社会システムを整えるだけでなく、文化まで育てていく必要があることを忘れてはならない。

同時にわが国においても、外食産業の世代交代と重なって、食の多様化とか多国籍化といわれる現象が広がっている。そのため、冷蔵設備等はあっても、その使い方が生ものを扱う安全基準に合っていない場合も散見される。食材が多様化しているのに、それぞれのリスクを考えずに調理しているのだ。まな板の使いまわしなど、冷や冷やものである。

また、成人向けの食事が子どもにも老人にも同じように提供され、身体に合わせたリスク管理がされなくなってきたことも見逃せない。五十年前、筆者が子どもだったころは、刺身は父親の食べ物で、子どもが手を出すものではないと教えられた。寿司屋に行ってもカッパ巻きとちらし寿司を食べさせてくれるだけ。生食に耐えられる身体になっているかどうかが関門としてあった。おいしければなんでもありの現代の食シーンには冷や汗が出る。

さて、アニサキスという寄生虫（線虫）は、海中のいろいろな生物のなかを巡りながらその一生を過ごしている。われわれの食中毒に関与するのは、一部の魚介類に幼虫として仮住まいしているときに起きるハプニングといえる。アニサキスは加熱するか冷凍するか傷つけるかすると死んでしまう。オキアミやクジラなどは冷凍か加熱調理をするから、食べてもアニサキス症を発症することはない。問題は生で食べる魚介類だ。鮮度が良ければアニサキスは内臓にいるので、調理時にすばやく内臓を除去すればいいのだが、捕獲後時間が経過すると幼虫が内臓から筋肉へと移行することがある。その筋肉をよくかまずに食べると生きた幼虫が胃に届いてしまう。

イカの刺身で、皮目にこまかく包丁を入れる飾り包丁をほどこすのは、アニサキスの幼虫を傷つけて殺すための作業でもある。お寿司屋で飾り包丁をほどこしてないイカが出てくる時は、そのイカは冷凍物だから大丈夫という暗黙の了解があるわけだ。

博多をはじめ西日本では、昔から郷土食としてサバを生で食べてきたのだが、東日本では締め鯖にして刺身では食べてこなかった。これは最近の研究で、アニサキスにも種類があって、日本海側で寄生する種類は内臓から筋肉への移行が少なく、東日本側で寄生する種類は筋肉への移行が早い傾向にあることがわかったためである。昔からそれぞれの地方で伝えられてきた食習慣には、おいしさや栄養を追求する意味だけでなく、こうしたリスク管理の側面も含まれていたことを知る必要があるだろう。

しかし、近年流通網が発達し、飲食店チェーンなどで出す刺身商材の多様化が求められるようになったことから、東日本の魚が西に、西日本の魚が東へと渡りあるくようになった。また、人手不足の影響もあって、生食対応の調理経験の少ない人の手にかかる食品提供も増えてきたようだ。調理関係者の意識の向上が求められるし、消費者側もみずからを守る食の知恵を仕入れておく必要があるだろう。

もうひとつ補っておくと、アニサキス幼虫が胃壁に食いこんで痛みを発する症状のほかに、アニサキスからでる分泌物に対するアレルギーもある。サバ中毒はこのアレルギーが原因のケースが多いことから、心当たりがあればお医者さんに相談しておくことも大切だろう。

魚食と肉食（二〇二二）

コロナ禍以来、体温に気を配る日々が続いてきたが、平熱であれば36℃台で安定していたのではないだろうか。個人差もあって、36℃台高めの方もいれば、低めの方もいると思う。時には体温が上下して、生活にとまどう場面もあったかも。しかし、これほど体温に注目しながらも、その意味を考えることは少なかったのでは？

ヒトは哺乳類で、恒温動物といわれ、体温はほぼ一定に調節されている。身体のさまざまな生理作用はその温度で最適の働きをするように仕組まれている。体温が37℃を超える時は、体内で病原菌やウイルスとの戦いが起こっている。逆に体温が下がってくると生理作用が弱まり、免疫力が低下すると言われている。身体を冷やすと風邪を引くのは、免疫力が低下するからだといえるだろう。

また、体内でも部位によって温度は多少異なり、よく運動する部位はやや高め、動きの鈍い部位は低めになる。悩ましい体脂肪がたまりやすいのは、身体のやや冷たく感じる部位だ。

私たちの脂肪には「融点」という固体から液体に変わる境目の温度があるが、これはだいたい体温と同じくらいである。融点を超えると液体になって体内を流動し、融点以下になると固まりはじめてその場に定着しやすくなる。体脂肪を減らすために、よく運動するようにすすめられるのは、その場の体温を高めて、脂肪を流動化させるのが目的なのだ。

私たちヒトという動物の脂肪の融点は36℃あたりにあって、身体の生理作用を維持し、エネルギーを保存するという役目を担っているのだ。


さて、表題に掲げた魚食と肉食について考えると、二〇一〇年頃には、それまで優位だった魚食が、肉食に逆転されたことがニュースになっていた。日本人の「魚離れ」が進み、食の欧米化によって肉食の割合が増えたという。水産業界には不安感が広がるトピックスだった。その時に筆者の頭には、先の、「脂肪と体温の関係」がひらめき、魚食は自信を失う必要はないと思った。

そもそも日本の風土は稲作に適していて生産性が高く、お米はエネルギー源としてのデンプン質はもとより、タンパク質も豊富に含み、必須アミノ酸もリジンを除くとすべてがそろっている優秀な食品だ。欠けているリジンを補うために、水田に育つ魚と畦《あぜ》に育てられる大豆（畦豆と呼ばれる）がセットで普及してきた。おおざっぱに言えば、和食はお米を主食として、魚と大豆食品（煮豆、豆腐、味噌、醤油など）に野菜があれば整うものだった。その意味で魚食は、日本人が日本列島という風土で暮らしていくうえでの、食の柱だったのだ。

話を戻して、肉類といえば牛肉、豚肉、鶏肉が大半を占めているが、ウシやブタの体温はどのくらいかご存じだろうか？　ウシは40℃あまり、ブタは38℃程度とヒトより高めになっていて、冬などそばに寄るとあたたかく感じる。ということは、それらの脂肪の融点（脂肪が溶けはじめる温度）はどのくらいだろうか？

脂肪の融点

牛脂	40～50℃
豚脂	33～46℃
馬脂	30～43℃
鶏脂	30～32℃
羊脂	44～55℃

このように、鶏が一番低く、ウマ、ブタ、ウシ、ヒツジの順に高くなっている。

私たちの胃袋の温度が、体温並みの36℃台であることを考えあわせると、牛脂は胃の中で固まりはじめることになる。すき焼き肉についている白い脂（ヘット牛脂）は、鍋で温めると溶けてすき焼きをおいしくしてくれるが、常温のまま口に含んでもおいしくない。

一方、ブタの場合、ロースハムの白い部分（ラード豚脂）は常温では固体だが、口に含むと舌の上で溶けはじめておいしく感じる。

わずかな融点の差ではあるが、ラードとヘットの使い道の違いが一目瞭然だ。それで、ブタはハムになるけれど、ウシのハムがないわけである。ビーフジャーキーは脂身を含まない赤肉を使っているのだ。

近年流行しているラム（羊肉）焼き肉など、ジンギスカン鍋で焼き焼き食べて冷たいビールをあおっているが、融点を考えると利口な食べ方とは思えない。ジンギスカン鍋が湾曲《わんきょく》していて脂が外側に流れやすくなっているのは、脂を少しでも避ける知恵である。また、消化を助ける野菜をたくさん食べることで、脂が固まるのをしのいでいるのだ。本場のモンゴルでは、あたたかいお茶と一緒に食べているようだ。筆者は焼酎の湯割りで楽しむようにしている。

ニワトリは、体温は40℃以上あるのだが、哺乳類ではなく鳥類であるから、飛ぶ性質を維持するため、脂をためこまないよう融点は32℃と低めになっている。こうした違いがあるので、鶏肉は比較的ヘルシーだと言われる。

一方、牛肉はおいしいけれど、あまりヘルシーとは言われないようだ。肉食の本場であるアメリカでは、ステーキといえば硬い赤肉が中心だ。和牛品評会では高く評価される霜降り肉などはアメリカにはない。肉食民族は長年肉類を食べてきて、牛脂が身体に合わないことを経験から知っているのだろう。だから脂身の多いアバラ肉などは余って、日本の安い牛丼店に輸出されてきたのだ。

では肝心の魚はどうだろう。魚類は変温動物であり、みずから体温の調節ができないため、まわりの環境の温度が体温となる。20℃の海にいる魚は体温も20℃。10℃の海にいる魚は体温も10℃になっている。海水温は低くても3℃、高くても30℃少々だから、どちらにせよ人間の体温より低いので、その脂は溶けやすいものとなっている。

　こうした脂肪の違いは、含まれている脂肪酸組成の違いから生じている。飽和脂肪酸は融点が高く、不飽和脂肪酸は低温でも溶けやすい。魚には不飽和脂肪酸が多く、ＤＨＡやＥＰＡなどの存在がよく知られている。

　肉食の難点を指摘したが、日本ではこうした情報は、あまり報道や教育に表われてこない。アメリカの食糧戦略のもと、日本をアメリカ産農産物の消費市場として育ててきたわが国の食糧政策にとって、「不都合な真実」なのだろう。

　もう少し掘り下げてみよう。

　下の図に見るとおり、魚介類は二〇〇〇年を過ぎて顕著に下がってきた。一九九〇年頃のバブル経済の崩壊に加えて、官庁などの接待禁止がうたわれた「国家公務員倫理規定法（二〇〇〇）」が料亭政治

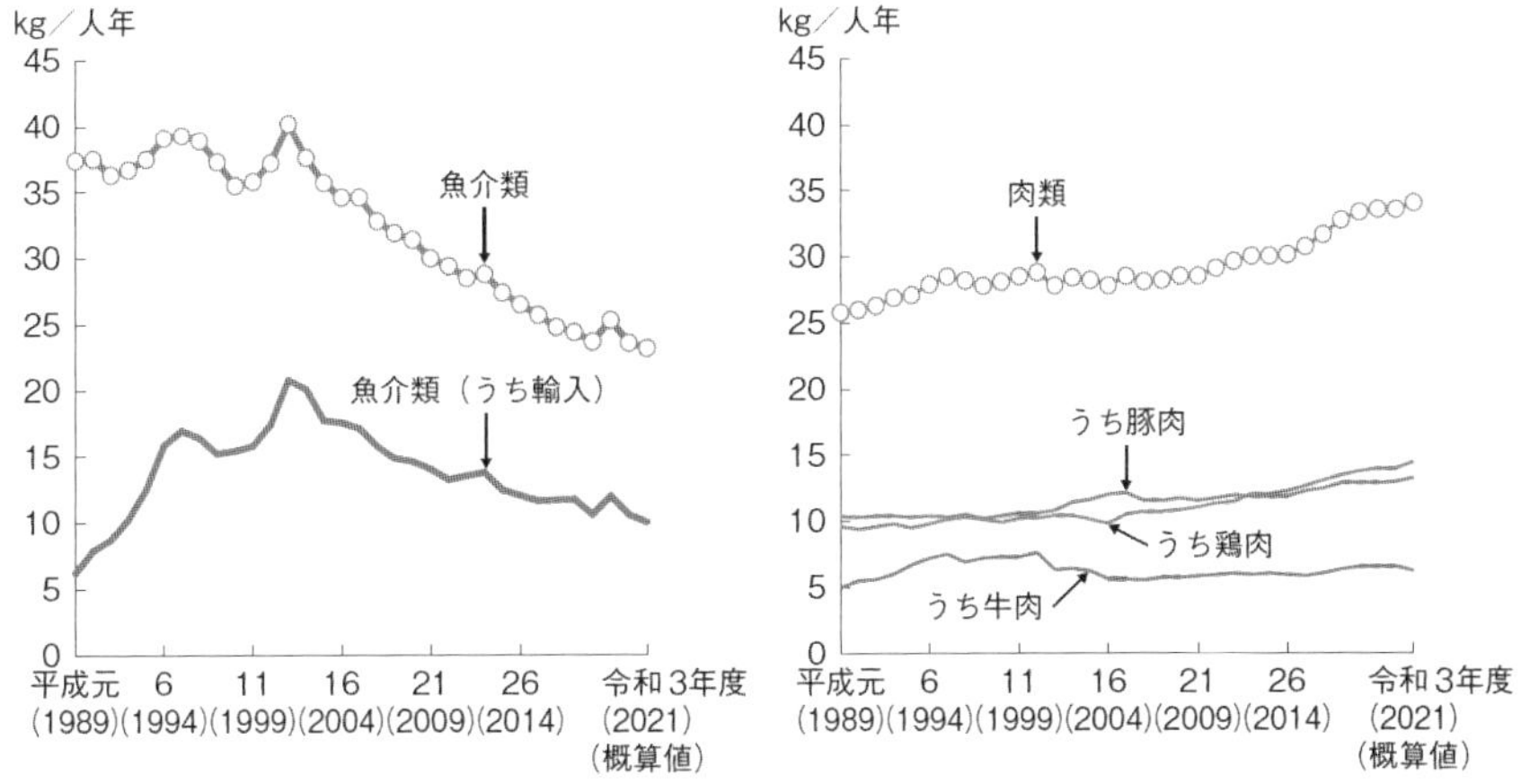

１人あたりの魚介類・肉類の消費量の推移（令和４年の水産白書より）

に終止符を打ち、高級料亭文化が意気消沈した時代を反映していると思われる。さらに、町の公設市場や商店街の魚屋さんが相次いで閉店し、魚介類を購入できる場所がスーパーマーケットに集約されてきて、その品揃えが定番化（マグロ、サケなど）してきた。また「丸のままの魚」の購入から「切り身」購入への移行が進み、食品ロスへの関心が高まったことも、魚の消費量低下という統計上の現象を招いたと考えられる。

実際、国民の魚への実需はさほど減ってはいない。スーパーの品揃えが限られているため、未利用魚種が増え、津々浦々の魚食文化が消費者に届かなくなっていることが問題なのだ。

一方、肉類の消費が伸びてきたといわれるが、牛肉は横ばいである。増えているのは豚肉と、それ以上に伸びた鶏肉だ。ここで飼料効率を考えよう。

「穀物飼料の各肉への転換効率は牛肉で七キロ、豚肉で五キロ、鶏肉では三キロ」といわれる。つまり鶏肉が一番安上がりである。この統計は、二〇〇〇年以降日本が貧乏になってきたことを表わしているのだ。

欧米の一部では牛肉食が食糧資源の無駄遣いになっていることへの反省から「月曜日は肉を食べない日」とするという取組みも始まっている。ＳＤＧｓの最初に掲げられているのは飢餓と貧困対策である。それを第一に考え、食糧資源を奪い合うのではなく、上手に分かち合って食べる知恵と工夫が求められている。

調理と料理（二〇二三）

明石に行くと、魚《うお》の棚《たな》商店街に何軒もの魚屋さんがあるので、それぞれの品揃えが興味深いところ。よく「明石もの」と評判になるが、明石の海で産した地物もあれば、流通ものといわれる他の漁場から送られてきたものもある。それぞれ「大きいもの」「小さめなもの」「鮮度の良いもの」「今ひとつかなというもの」など多彩にとり混ざり、値段もさまざまに設定されている。

魚の棚商店街のイカナゴ販売

筆者に「どの魚が一番好きですか？」と尋ねる方があるが、むずかしい質問だ。期待されているのは「〇〇という種類が一番だ」という返事だと思うが、筆者はそのようなブランドイメージでは判断していないのだ。というのは、どの種類をとっても魚ごとにピンからキリまであって、用途によってどのランクを選ぶのか変わってくる。そこで、タイであれ、サバであれ、「だれにどのように食べてもらうか」というところから考えて、それに見合った状態の魚を見繕《みつくろ》うのを楽しみにしている。

その魚にとって適切な漁獲方法や前処理がなされているか、新鮮かどうかだけでなく、うま味が熟成されているかなど、漁師から魚屋さんまでの仕事ぶりすべてが魚選びの鍵になるのだ。とはいえ、なんでも最高のものが最良というわけではない。上客に提供する刺身なら、値段と勘案して最高のものを選ぶが、気やすい飲み友達なら格落ち品を唐揚げにして食べるのも好みの工夫である。

「明石の魚」という記号だけで判断し、通り一遍の調理をしたものを食べることも「否」とは言わないが、だれに食べてもらうのかについても心配りが欲しいところだ。魚の棚にある多種多様な素材を、食べる人の状況に照らして選び、その魚介類ならではの良さを引き出す調理をすることが、魚の町の楽しみ方ではないだろうか。

その意味でいうと、何年か前になるが、生レバー食のブームがあり、高齢者や子供に食中毒被害が出て問題になった。その結果、生レバーのほか牛のユッケなど、人気の生食まで規制されるようになった。

これは、当時の食品衛生法にしたがって調理したものを、だれかれ構わず提供したからこそ起こった事件だ。昔から刺身は大人の食べもので、子供には早すぎると言われていたのだ。ところが、食品衛生法があって消費者は守られているから、「店で提供されるものはだれが食べてもいい」というような感覚が広がってしまった。折しも、手軽にお寿司が楽しめる回転寿司が流行し、家族連れで訪れ、老若男女こぞって生食を楽しむようになっていた。また焼き肉店でも、目先のインパクトがあることから、生レバーや生肉のユッケが提供されるようになっていった。しかし、生食は健康な大人なら問題ないものの、子供や高齢者など体力や免疫力の弱い人にはリスクの多い食べものだったのだ。

その上、急速に店舗展開をはかるチェーン店などでは、調理人不足から経験の少ないアルバイト店員を雇い、その店員が調理提供するなどしていた。食べる側にしても「みんなが食べているなら」ということで、高齢者も子供も一緒に楽しむ風潮が広がっていた。そこに落とし穴があったのだ。

ここで考えたいことは、「調理」と「料理」の違いである。食の話をするときには「料理」と「調理」どちらの言葉もよく使われるが、あまり区別されないことが多いのではないか。

「家庭料理」や「料理屋」という言葉の中の「料理」は、食べる人の求める食事、あるいはその人に必要な食事を提供することだが、食べる人の中に高齢者や子供が入ってくると、献立を工夫する手間が増える。

そこで、食事は「食べること」「栄養をとること」というふうに割り切って、まとめて同じような献立をつくれば、手間が省ける。この技術が「調理」だ。給食や飲食チェーン店では、効率よく提供していくため、個々人の事情は考えずに、一定水準の食事をまとめてつくっている。

ちなみに広辞苑で調べてみると、

調理…①物事を整えおさめること。②料理すること。割烹《かっぽう》。

料理…①はかりおさめること。物事をうまく処理すること。②食物をこしらえること。また、そのこしらえたもの。調理。

とあり、似たような意味になっているが、筆者なりの考えでは、「調理」は食材を整えることで、分析して対処するのは「モノ」であり、材料を食べられるように調整するということ。一方、「料理」はだれに向けた食べものであるかを考え、その上で食事を仕立てるということで、分析して対処するのは

「ヒト」である。

「家庭料理」は家族のための料理、「日本料理」は日本で暮らす人びとに向けて工夫される文化的な取組みを表わす。一方で「調理学校」や「調理師資格」という言葉の中の「調理」は、食材を知り、適切な処理方法を学び、一定水準の対処をするということで、科学的に明確な技術だといえるだろう。

高度経済成長期までは、家庭での食事が中心で、仕事や付き合いでの外食は増えてきていたものの、「おふくろの味」に代表される家庭の味も伝えられていた。そこには家族それぞれへの心配りがあった。年寄りには消化の良い食べやすいものを、育ち盛りの子供たちには年齢相応の栄養を考え、働き盛りには馬力のつくものをと配慮されたのではなかっただろうか。病気で寝こんだときには「リンゴをすって、おかゆに梅干し、時には卵を溶き入れて」という思い出があるかと思う。

医食同源、医薬一如《いちにょ》といわれるように、食べることは医療や薬剤処方とも直接的に関連することである。「家庭料理」という言葉は、家族の健康を育んでいく配慮が台所で行なわれていたことを表わしている。

それが、この三十年ほどは、外食に加えて中食なども増え、加工食品が食卓にたくさん入りこむようになり、「おふくろの味」が「袋の味」になったと揶揄《やゆ》された。また、以前には家族で一緒に食事をしたが、このごろは「孤食」といわれるように、一人で食べる様子も増えた。

女性の社会進出が進むなかで、食事の用意にかかる時間を短縮しようという社会的要請も強まってきた。こうした傾向が合わさって、食事の用意は「効率的に、合理的に、簡単便利に」することが優先され、食品工業の産品を使って「ダイエット」として腹を満たせばよいということになった。時には味や栄養よりもインスタ映えが優先されるなど、食のスタイルは大きく変容してきた。

一人一人が健康に暮らしていく基盤としての食が、個々人に配慮された「料理」から、工業的に目的をしぼった「調理品」に置き換わってきたことがうかがえる。手間を惜しむようでは、魚を処理するのには不向きだ。その結果が、政府に「ファストフィッシュ」などという手間のかからない魚消費を宣伝させている。しかし、それでは食生活は改善しない。

そういえば、「魚離れ」の証拠として使われる下のグラフは、何を表しているのだろう。

二〇〇〇年頃から魚介類消費が急速に下がりはじめ、逆に肉類が増えている。だから「魚が嫌われ、

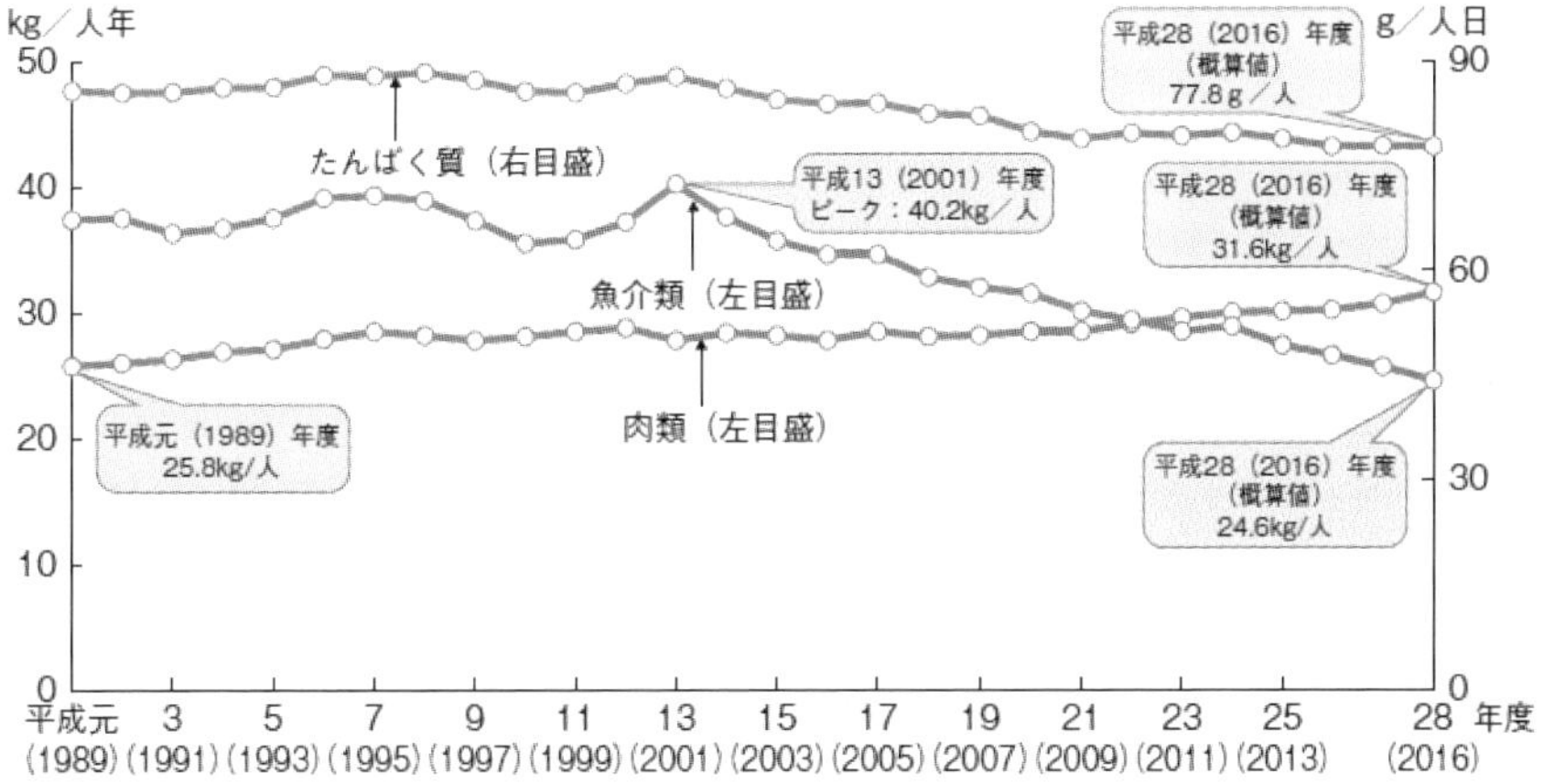

タンパク質需要に占める魚介類と肉類の推移

肉が好まれるようになった」と解釈されがちだが、どうだろうか？　肉類でも牛肉は減っており、増えているのは鶏肉なのだ。要するに二十一世紀に入って、日本国民が貧乏になった結果、価格の安い鶏肉にシフトしているわけだ。

魚に関してはもうひとつ別の観点がある。二〇〇〇年頃までは魚は丸のまま消費されていたが、その後、切り身や骨ぬきというふうにアラを除いて消費される傾向が進んだ。この歩留《ぶど》まりの差が、実需要の低下にあらわれているのだ。つまり「魚離れ」は水産不人気を演出するフェイクニュースだともいえる。

漁港などで魚の産直市をすると黒山《くろやま》の人だかりができる。手間をかけてでも丸ごとの魚を消費したい人々が、まだ日本にもたくさんいるのだ。水産人は自信を失う必要はないといえる。魚食の手間も、コストではなく、喜びであり、生きがいだと感じている国民が多いことを忘れてはいけない。

第五章　販売・ブランド戦略

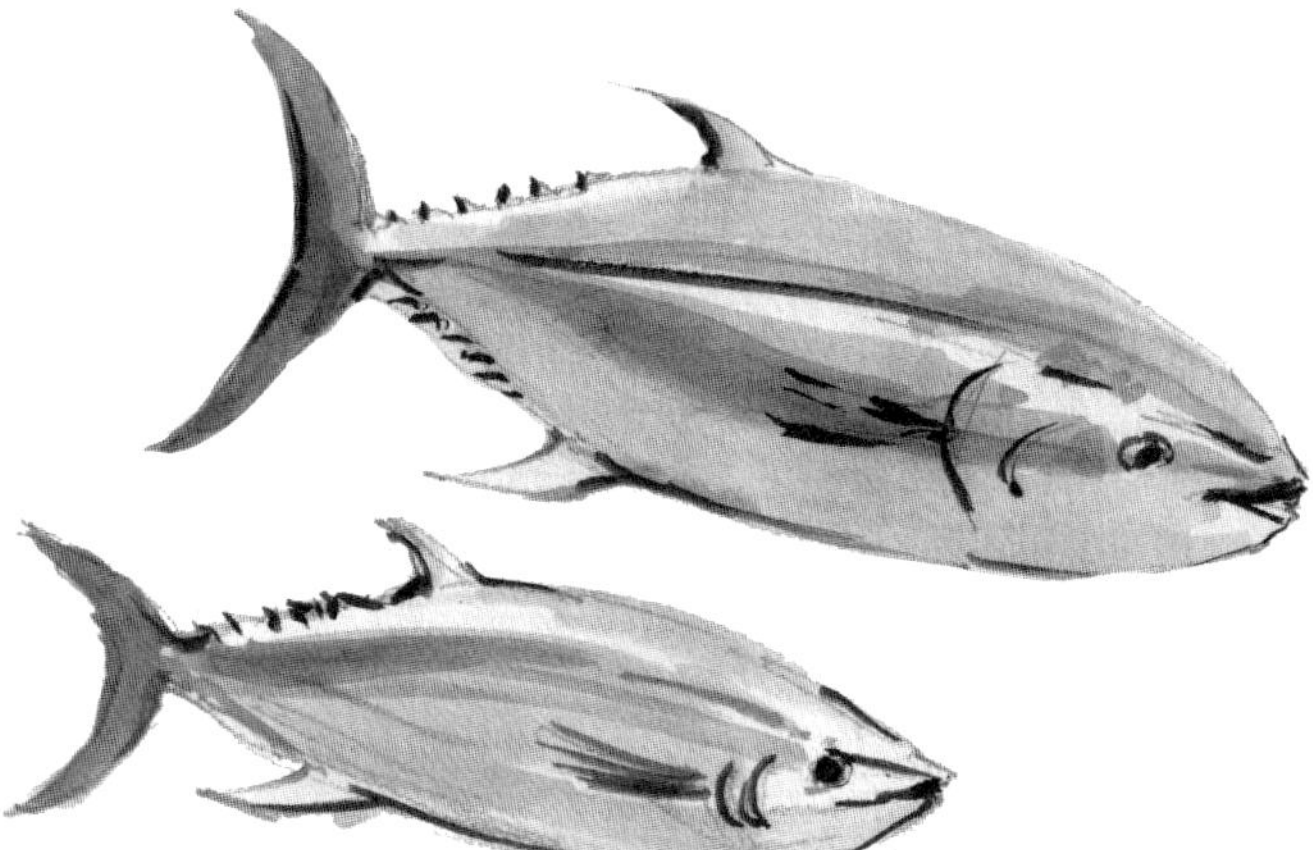

新しい刺身商材への挑戦（二〇〇四）

一九八〇年代の後半の秋になって、二回サワラの刺身を食べる機会に恵まれた。少しグレーがかった背の身とピンクがかった腹の身を味わい比べ、しっとりした脂の乗り具合を楽しんだのは言うまでもない。

元来は身のやわらかなサバ型魚類だから、生食の対象としては考えられておらず、塩焼きや味噌漬の材料としては高級だとされているにすぎなかった。お惣菜魚だから、高級といってもキロ千円を超えることはまれだった。

このサワラを刺身で食べられるのは産地の漁師の特権で、サワラをよく食べることで知られる「祭り寿司」の岡山県でも、酢で締めてキズシのように利用することはあったが、寿司ネタとして登場することは一般的にはまれだったと聞く。まったくの生で食べるようになったのは近年のことだ。

なによりも獲り方が「サワラ流し網」や「はなつぎ網」という刺網形式だから、サワラが網にかかって暴れる。結果、皮は擦《す》れ、身は打撲傷《だぼくしょう》を負ったようになって、三枚におろすだけでも身がバラバラになりかねない。だから切り身にするにも細心の注意が求められ、塩をするとか味噌漬にして身を締める必要があったわけだ。

蛇足《だそく》ながら、塩にはタンパク質を溶かして糊《のり》状に変化させる働きがあるので、魚の切り口の身が割れそうなところに塩をふると、接着剤のように表面をくっつけて身割れを防いでくれる。そのため、味つけだけのために塩をふるのであれば、塩が水分を吸う前に焼いても構わないのだけれど、タンパク質の変成を期待するわけだから、塩をして少し時間をおいてから焼くほうが効果的だ。

こんなサワラだが、海の表層を高速で泳いでいるから、流し網などに突き刺さるようにして獲れる。また、釣りで対応する手段としてトローリングがある。トローリングといえばマグロやカジキなどの大型魚をイメージするが、瀬戸内海でもこのサワラやハマチ、カンパチなどの対象魚種がある。

二十年前に明石の漁協勤めを始めたころ、古老の釣師のお供をして鹿之瀬へ連れて行ってもらった。十一月半ばまではアジやサバの一本釣りだったが、木枯らしが吹きはじめるとサワラねらいのトローリングに入った。三トン程度の小型漁船の両舷《りょうげん》に長い竿を出し、釣り糸を後方に流しての引き釣りだ。海底地形の凹凸《おうとつ》にあわせて生じる海面の波立ちや潮の淵にねらいをつけて船を誘導していくと、後方の仕掛けにあたりが来る。獲物の多くは五〇センチ程度のサゴシと呼ばれる若魚だが、時おり竿が大きくしなって一メートル超のサワラが掛かってくる。

竿は立てたまま、釣り糸だけをたぐり寄せて魚を取りこむ。何度も言うがサワラは身がやわらかい。船の甲板に落としてバタリとでも暴れさせては台無しだ。数キロはある大物でも釣り糸をもったままぶら下げ、宙吊りのまま手カギを打ちこんで締める。締められたサワラの動きが止まるのを待って発泡スチロールのケースにおさめる。もちろん素手ではない。軍手を海水に浸《ひろ》し、海水温と同じ温度で触れる。「なんせ、人の手は36℃もあって、18℃の海にいるサワラに直接触れるとサワラが火傷《やけど》してしまう」というのだ。なるほど私たちも、体温より10℃以上高い風呂には入りたくない。こうして丁寧に扱われたサワラは身割れすることもなく、最高の刺身ネタとなって漁港に届けられるわけだ。

しかし、仕入れをする魚屋さんに「サワラならお惣菜」と決めつけた買い方をされると、この苦労も水の泡となる。「釣りもののサワラは刺身になる」とあちこちの寿司屋に行っては吹聴《ふいちょう》し、魚屋の前では「釣りもののサワラはないか」と声をかけつづけ、ようやくにして商品評価が定着しだしたという思い出がある。数少ない高級商材となった釣りサワラは、明石の人々の注目するものとなり、ついには網で獲ったものは評価が一段落とされるところまで価値観が変わり、釣漁師たちは時代遅れの漁法とあざけられた時代を乗り越え、新たなプライドをもって立ち直ってきたといえる。

この変化に気をよくして、これもお惣菜魚だったタチウオに目をつけたのが一九九〇年ころのこと。愛媛や山口に調査旅行に出かけたとき、漁村の民宿で食べさせてもらったタチウオが印象に残っていた。それまで塩焼きやバター焼き、さらにはカマボコの加工原料にまでされていたタチウオを、もったいないと思うようになった。

タチウオは獰猛《どうもう》な魚で、海の表層を泳ぐイワシの群をめがけて深みから飛びあがってくる。勢いあまって海面上に飛びあがるときは、夕立時の水しぶきをさらに大きくしたような迫力がある。

群れをなしているので大きな網で一網打尽《いちもうだじん》にするのが当たり前のように思われていたが、魚価が安いため獲れても大漁貧乏になりがちだった。そこでサワラにならって刺身商材にしようと試みたわけだ。

しかし、獲り方としては網漁以外では一本釣りしかなく、これではいくらなんでも効率が悪い。そこで延縄《はえなわ》のように道糸に枝針を数多くつけた仕掛けを中層に沈めて水平に曳《ひ》いていく引き縄釣りをすすめてみた。エサには折から豊漁だったマイワシを使い、タチウオの群がひそむ層を曳くわけだ。

タチウオは銀白色もまばゆい姿で、水中でも目立ちやすいように思われるが、それは光があってこその話だ。海中深くなるにつれ太陽の光は衰えて、だいたい透明度の深さの倍あたりからは暗闇となる。タチウオがひそむのはそのあたりで、大阪湾ではだいたい水深が一〇～二〇メートルくらいのところに目星がつく。そこで水深一〇メートルあたりを生餌のついた針がとおって行くようにすると、タチウオが食いついてくるという算段だ。

一隻の漁船が、道糸を流しながら走る。道糸には一〇〇本の枝針がつき、長さは二〇〇メートル以上になる。うまく魚群に当たると、ほとんど全部の針にタチウオが掛かってくるという。これを取りこむときも、サワラで習った心得が必要だ。甲板に落としてバタバタさせてはならない。また、みるみるうちに鮮度が落ちて銀色の輝きが鈍ってくるから、いちはやく水氷で冷やしてしまう必要もある。

ただ、やっかいなことにタチウオの歯は非常に鋭く危険だ。宙吊りにして締めるなどという技は使えない。仕方がないので甲板上に水氷をいれた容器を用意しておき、タチウオを船上に取りこむやいなやその容器に浸けてしまうという手順を練習してもらった。こうするとタチウオも傷《いた》まず、怪我もしないというわけだ。

銀色の皮がまったくはげていない、文字通り太刀のようなタチウオが水揚げされるようになり、その鮮度と傷みのない品質から、刺身商材になるのにさほど時間はかからなかった。

ついでに紹介すると、サンマの刺身も最近は定番化してきた。ご存じの棒受け網漁の網を引きしぼる前に、獲物の上で跳ねている元気なサンマだけを先取りして、鮮度を落とさずに出荷されるようになったからだ。

このように、安い惣菜魚でも扱い方次第で価値の出るものがある。魚の価値を大切にしたいという情熱が、漁法の工夫を生み、扱い方の工夫となり、新しい商材を生み出していく。漁業もまだまだ捨てたものではないことを、新しい刺身ネタを口に含みながら噛みしめたい。

地中海のマグロ養殖に学ぶ（二〇〇八）

二〇〇八年三月に明石海峡で起きた船舶衝突事故とその後の油汚染で、海苔やイカナゴ漁などが壊滅的な打撃を受けた。加えて、海域の貧栄養化や気候変動の影響も大きくあらわれてきており、市場における「磯ざかな」などの多様な魚種の販売不振も目にあまるものがある。原油の高騰などコスト高さえ難事の一つでしかなくなっているほどだ。

これでは漁業など続けられないという声も多く聞かれる。しかし、瀬戸内海にとって漁業は今後も維持発展させていかなければならない大切な人間の営為の一つである。漁師が沖に出るだけではどうにもならないこのような問題を解決するには、根本的な発想を洗いなおす必要があるのではないだろうか。

瀬戸内海の、とくに明石海峡の魚の素材の良さ、そのうまさを発揮させる魚扱いの技術力、さらにそれを評価して育てる地域の食文化がマッチして、現在の漁業が成り立っている。「新鮮さ」を求めるあまり、大急ぎで魚を市場に送り出すようなことでは生み出せない魚の味と信用を育んできた。

しかし、それで得られた「日本一の魚」という評価に甘んじてはいないだろうか。もっと上を目指す手法、日本人の魚食に対するイメージを一新させるような工夫はないものだろうか。そうした観点から、油汚染が収まるまで、じっくり考えてみてもいいのではないかと思う。

筆者が目からうろこがとれる思いがしたのは、ノルウェー産の刺身用サーモンの登場だった。一般的にサケは川に上るものだし、寄生虫をもちやすいことから、刺身好きの日本においても生食は避けられてきた。比較的に生っぽい状態のルイベやスモークサーモンも、原料を一時的に凍結して寄生虫の活性を奪って提供されている。だから、サケの刺身はないのが当たり前だった。それが、ノルウェーが開発した「寄生虫をもたないサーモン」の登場で、すし屋と刺身業界の彩りが一変した。いまではサーモンのオレンジ色なしの盛り合わせは考えられないくらいになっている。

日本でもギンザケの養殖が行なわれているが、個々の経営者による寄生虫混入を防ぐ努力も、混雑した養殖環境ではほとんど意味がない。過剰生産におちいって、安い弁当用の商材になっているのも、市場の開拓や品質の刷新《さっしん》に発想の乏しさがあったためだ。

ノルウェーでは、広いフィヨルド地形を限られた指定業者だけに使用させ、稚魚から餌から養殖場所まで、寄生虫の入らない条件を整えて生産している。だから、刺身にしても問題がないサーモンを提供できるわけで、こうした手順をふんだ段取りができたのは、日本市場を徹底的に分析し、刺身にできるサーモンを供給すれば高コストでも経営できる自信をもっていたからにほかならない。

さて、次の手立ては何かないものだろうかと思案しているとき、地中海でのマグロ養殖（蓄養）の技術に大きな改良がなされているという情報が入ってきた。

ここから紹介することは、地中海におけるマグロ資源が危機的状況にあり、当地のマグロ漁業と養殖の仕方がその大きな原因となっていること、各方面から規制を訴える声が起こっていることを、容認したり免責しようというつもりで書いているわけではない。ある場所で、そこにある資源を有効に活用し、新たな価値を生み出そうという努力と、その工夫を学ぼうというものであることを断っておきたい。

地中海には大西洋で育ったマグロが産卵のために回遊してくる。それを狙ったマグロ漁が古くから行なわれてきたが、多くは日本の沿岸と同じように定置網で待ち構えて、産卵のために接岸してきたものをとらえる待ち受けタイプの漁業だった。しかし、漁船の装備や能力が大きくなると、大規模なまき網によってマグロの群を追跡しながら漁獲する追跡タイプの漁業が普及し、大量に捕獲されるようになった。これがマグロ資源に打撃を与えたわけだ。また、大量に捕獲するとマグロの値段が下がってしまうので、出荷調整の意味からも蓄養が行なわれるようになってきた。そこから餌を与えて成長させる養殖へと発展したことはよく知られている。

ここまでは日本でも考えそうなことで、実際にその技術の多くは日本の商社などの手で向こうに伝えられていった。もちろん生産物のマグロは日本市場めがけて送りこまれることになった。日本市場では、マグロはトロがもてはやされ、脂ののりが第一の評価基準となっている。「舌の上でとろける」などという表現がメディアをにぎわし、やわらかさも大きなポイントになってきた。しかし、脂が乗りすぎてやわらかい刺身は早晩飽きられる。そこで「焼き霜」など焙《あぶ》り調理がはやりだしたのだった。

　筆者などは「マグロは香りを食う」と言ってきた。赤身の独特の香りのあるマグロが好きだから、全身トロなどというやわなものでは納得がいかない。中落ち（マグロの骨まわりからすくい取った身）に油脂を混ぜてつくるネギトロ原料のように感じてしまい、いまひとつ感心しない。自然の海を高速で泳ぎまわった緊張感のある赤身を食べたいのだ。

　その点で、地中海で養殖をしているある養殖業者は、捕獲して生け簀に収容してから三カ月以上は養わないという工夫をしている。三カ月が自然の香りが残る限度で、それ以上にわたって人工的な環境に慣らされると、マグロは香りを失ってしまうという。

　一方で、マグロの腹身のトロの部分には、じょうぶな筋が入っている。食べると噛み切れなかったり、口に違和感が残ることもある。これもマグロが高速で泳ぐために腹を引き締めているからだ。養殖環境になると遊泳速度が低下して、腹の緊張感がなくなり、結果としてこの筋がやわらかくなる。中年過ぎの自分の腹のことのようで笑えないが、三カ月の養殖にはこうした筋をやわらげる効果もあるようだ。

　餌についても、多くの養殖場では海面に景気よくまいて、マグロが水しぶきを上げて食うのを自慢げにしているが、こうすると食い損なった餌が海底や周辺を汚してしまう。一方でその業者は、潜水夫を養殖生け簀に入らせ、どのマグロがどれくらい食っているか、観察しながら手配りで餌を与えているという。環境への配慮をするとともに、マグロ個体の成長の様子や健康状態も管理しようとしているのだ。

われわれ日本の漁業は、これまでの慣例や常識にとらわれすぎて、魚を育てる本質を見失ってきていたのかもしれない。日本沿岸の漁業資源もいま一度見直して、本当に愛される水産物供給を考えたいものだ。

明石浦漁協のセリ場風景

何のためのブランド化？（二〇一一）

ある漁港で早朝のセリ市を見学した。定置網や釣りなどで漁獲されたブリやサワラなど、数百本の水揚げで久しぶりに活気づいたようだった。運搬船やトラックで入荷する順にトロ箱で並べられていくが、それぞれの魚に示される表示を見ると扱い方の違いが示されていて興味深い。出荷者の名前は漁港や生産組合の名前だろう。それぞれ定置網や釣りものだとわかる漁法の表示もあって、一尾ずつの重量も書き添えられている。二、三十年前まではこれだけでよかったのだが、近ごろはもっとたくさんの情報が盛りこまれている。

ブリだけで見てみると、野締め、活け締め、冷水放血、神経締め、神経締めの氷冷ものといった具合に五種類も違った扱いを示す表示があった。活け締めの中には「いま締めました」とばかりにブリの体表が真っ赤な血のりに染まっているものまであった。

魚を締めるというのは、目の後ろの鰓蓋《えらぶた》の上部あたりに手かぎや包丁を打ちこみ、脳神経を断ち切って即死させるということで、魚の品質向上をはかるためにとられる処置だ。かつては魚の鮮度を保つには氷で冷やすのが一番だと、獲れた魚はなんでも氷水につけて冷やしこむだけだったが、その締め方もいろいろな経験や先進地の事例をもとに工夫されてきた。

生産者である漁師は、獲れた魚を漁港の魚市場に出して、そこで仲買人たちのセリによって値段を決めてもらい、売上げを得ることになっている。だから良い値段で売れればうれしいのだが、一度よい値で売れると次もきっと売れるだろうと期待してしまいがちだ。しかしながら相場というのは、いつも高値というわけには行かず、あてが外れて安値だったりすることもしばしばある。すると、漁師はがっかりするというより、仲買人が買い渋ったととらえて、彼らを敵対視する気分になりがちだ。しかし、仲買人がいなくてはせっかくの魚もお金にならないのだから、不満はもちながらも付き合っているところがある。

今から五十年前なら、日本中の食料供給が十分ではなかったために、水揚げすれば仲買人が争って魚を買い求めてくれた。また、高度経済成長やバブル経済の時代には、ちょっと高級な魚だと驚くような値段で売れた。そのころはマイワシの豊漁もあって、とにかく獲ってくれば養殖漁業のエサとしても採算がとれたから、漁師は港に運びこむだけで生計が立てられた。だから、そのあとの流通や消費のことを考えないで、ひたすら獲ってくることに夢中になっていられたわけだ。

ところが二〇〇〇年頃から低成長時代に入り、漁獲量も少なくなってくると「獲ってきて水揚げすれば終わり」という漁業では儲からなくなってきた。少しでも高く買ってもらえるように工夫することが必要になってきたわけだ。そこで各地の漁業者は、魚を高く売っている先進地を探して見学に行き、その技術を学んでいった。

そのころ先進地だった明石にも漁業者の見学が相次いだ。全国的には、獲れた魚はとにかく水氷で冷やすというだけの「野締め」と呼ばれる扱いが一般的だったが、こういった見学をとおして、苦しませずに即死させる「活け締め」と呼ばれる技術が広まっていくことになった。

活け締めをすると、魚の細胞を生きた状態のままで長く保つことができる。刺身需要に対応した高品質な供給が可能となるので、高い価格で売ることができたわけだ。ただ、手間がかかることと、慣れないとかえって品質を損ねることもあって、定着しないところもあった。

二十一世紀に入ると産地間の競争が激しくなった。それぞれが特徴のある魚の扱い方を見せるようになり、それをブランドとして売り出そうとしはじめた。ブランドとして知られた商品は、同種の商品の中では人気を呼んで高く売れるものだから、「自分たちの魚もそんなブランドの一員になったらいいな」ということで取り組みはじめたのだ。各地の自治体にも地域産業を振興しようという狙いがあって、ブランド化を政策目標に掲げるところも多かった。

しかし、先にふれたように、漁業者は魚の値段をめぐって、魚屋や仲買人とは敵対関係にあるように感じていて、自分たちの魚が正当に評価されないのは、流通業者のせいだと考えているところが多い。そのため、ブランド化して一定の産地で品質もそろえて出荷しているのに、他の産地と変わらない値段だったりすると、不平を言って手抜きを始めてしまったりすることがある。

冒頭に触れたある漁港の朝市でも、生産者ごとに工夫した締め方をしており、「これこそ自慢のブリだ」という意気込みで出荷してきているのはわかるのだが、仕入れ側にはその意図が通じておらず、結果としてそのときのブリは大きさと重さに従った値段がついただけだった。

セリ市の終わったあと、トラックに乗りあわせてきた漁師のお母ちゃんたちと話をする機会があった。「せっかく手間暇かけて活け締めして、血抜きもしているのに、こんな値段では割に合わない」とぼやいていた。しかし、そこには大きな誤解がある。よい仕事をすればブランドになって、ブランド品は高い値段がつくはずだという錯覚に陥っていることが感じられた。つまり、生産者側の勝手な思いこみだけでは、ブランド品として通用しないのだ。その商品の意味を買い手側にも理解してもらって、はじめてブランドになると考える必要があるわけだ。

獲れた魚をとにかく活け締め、あるいは神経締めにして出荷するだけでは、まだまだ「水揚げすれば終わり」の漁業であって、お客さんのことを考えていない。お客さんのことを考えれば、煮たり焼いたりするのに一番手間のかからない、従来どおりの野締めが低コストでよい。一方、刺身として通用させるには、ひと手間かけて活け締めが必要だ。さらに、血なまぐさくないようにするには冷水で血抜きすることが大切で、より高品質な刺身を提供するには神経締めという高度な扱いが求められる。

それぞれ段階を進めるにつれて手間もかかり、技術の熟練も必要になる。処理数にも限界がある。たくさん獲ってくればよいという漁業から、少なくても高品質な魚を供給するという経営感覚の刷新《さっしん》が必要になる。沖での漁の時間を少なくして、お客さんの求める状態に魚を整えて出荷し、その情報を仲買人から魚屋さんに確実に伝達して売ってもらえば、はじめて高付加価値が認められるわけだ。

ブランドというのは、生産者側の思いだけでできるものではなく、最終的に食べてもらうお客さんの満足感と信頼、そして「あこがれ感」があって成立するものだ。そのためには漁港に集まる関係者が頭を寄せ合って、協力して取り組まなければならない。売り手と買い手という対立関係を乗り越えて、協力することで相手の立場も見えてくる。その延長で消費者の求めるものがわかってくればしめたものだ。

そんなマーケティングに基点を置いた産地になれば、結果として世間がブランドとして認めてくれるだろう。水産大学校で育つ学生たちにも、このような現場の問題解決に取り組んでもらえるよう力を尽くしたいと思う。

魚暮らしの知的遺産　（二〇一六）

お彼岸の前後は大潮の引き潮が一段と低くなる。あらわになった磯には普段見かけない海藻もあらわれてくる。瀬戸内海ではワカメがおなじみだが、よく見ると岩ノリ（養殖ノリの種が流れ着いたものも多い）や天草（マクサ）もあり、ホンダワラ類も折り重なってあらわれる。潮間帯と呼ばれる場所は、潮が満ちれば水中に没するが、潮が引くと露出する。その下部は大潮で大きく海面が下がったときにだけ露出する。

そして波あたりの強い岩場で目につくのがヒジキである。お総菜にはおなじみの健康食だが、あの真っ黒い印象とはちょっと異なり、茶色から褐色系のホンダワラの仲間の海藻である。春から初夏にかけて胞子嚢《ほうしのう》がふくらみ、煮て干すと乾物屋さんに並ぶ乾燥ヒジキとなる。

われわれ日本人は海藻をよく食べるが、欧米人の多くはあまり好まないようで、こちらが磯の香りといって喜んでいる匂いを、オダーと呼んで悪臭扱いしている。たしかに硫黄成分なども含まれているので、慣れないと嫌な臭いに分類されるかもしれない。

海藻にはミネラルがたくさん含まれている。日本の飲料水の多くは軟水で、ミネラル分が少ないのが特徴であり、それがお出汁やお酒の文化につながっているのだが、一方で意識してミネラルを補給する必要もある。そのために和食では海藻を食卓に乗せる工夫をしているわけだ。一方、欧米ではミネラルウォーターと呼ばれるように硬水が主である。このため無意識に水を飲んでいるだけでも、一定のミネラルを摂取できるので、海藻とは縁がない暮らしになってきたものと考えられる。

また、ヒジキには鉄分が多く含まれると教えられてきたが、最近食品成分表が改められて、表示される鉄分の量は以前より少なくなった。これまでは原藻ヒジキを煮るときに鉄鍋が使われてきたため、鍋の鉄分がしみ出して、乾燥ヒジキに含まれる鉄分の量を増やしていた。ところが最近ではステンレスの鍋が使われるため、思っていたより鉄分が少ないことが判明したそうだ。

さて、二〇〇四年にはイギリスの食品規格庁から「ヒジキを食べないように」という勧告がイギリス国民向けに発せられた。これはヒジキに無機ヒ素という発がんリスクのある物質が含まれているためだ。和食ブームで日本食が注目され、流行りはじめた頃だったから、かなりショックな出来事だった。

それに対してわが国の厚生労働省は、ホームページで「ヒジキに無機ヒ素が含まれることは事実だが、一般的な食べ方では影響がでないので心配ない」旨の説明を行なっている。さらにヒジキのもっている健康食品としての機能とあわせて考えると、問題になるリスクではないとの考え方も示している。

そういえば乾燥ヒジキを水で戻したときに、戻し汁はしぼって捨てることをおばあちゃんから教わってきた。シイタケや貝柱などでは戻し汁をお出汁として後の調理に活用するのに、もったいないと思っていた。こうした発がんリスクを知っていたかどうかは不明だが、先人からの経験則として戻し汁を食べない配慮が伝わってきていたのだ。まさに、暮らしの遺産といえる知恵だ。

そういえば、ダイエットブームのなかでも似たようなエピソードがあった。白インゲン豆ダイエットだ。白インゲン豆にはデンプンを消化する酵素を阻害する成分が含まれており、それを活用すればダイエット効果があるといわれていた。しかし、その同じ豆には有毒成分も含まれていて、それが残留して食中毒事件に発展したことがあったのだった。

白インゲン豆は昔から食用にされてきたが、豆類にある毒素をのぞくために「茹でこぼし」という調理をする必要があった。しっかり茹でて豆の毒素を灰汁《あく》として流し去る方法で、これなら安心して食べられる。ただし、ダイエット効果のある成分もこれで分解されるので、ダイエット用には使われてこなかったのだ。

このように、食物の有効な活用方法についての伝統的な知的遺産がありながら、一部の成分の効能ばかりに目が行って、食品総体としての安全意識が薄れてしまう場合がある。これは現代病とでもいうべき落とし穴ではないだろうか。

食品の毒といえば、フグがおなじみだ。近ごろでは猛毒をもつことが知られるようになったが、一方でうまさの極みだという噂もあって、フグの肝を食べたいという願望が一部にある。それを実現しようと研究を重ねている人たちもいて、フグを完全に養殖管理して、毒素であるテトロドトキシンをもたないように育てる技術が紹介されるようになった。

このような時流の中で「養殖のフグには毒がないから肝も食べられる」という言説が世間に出回るようになった。先の養殖技術についていえば、ある意味で事実だろうが、養殖のフグのすべてに当てはまるわけではない。フグ食の本場である大阪では、大きく太ったフグがもてはやされる。フグ供給の主流は養殖ものになってきているが、流通しているのは主に小ぶりな一年ものである。大きく太らせた三年ものなどは貴重だといえる。

養殖場では、エサをさまざまに工夫して、フグを大きく太らせようとしている。しかし、ブリやマグロなど脂がのる魚は太らせやすいが、脂の少ないフグでは同じ手は使えないので苦労するという。先のテトロドトキシンを含まないエサなども試験したというが、毒を含んだエサのほうが成長は良いという。

「フグは毒を含んだ部位を完全に腑分《ふわ》けして、安全なところだけを食べてもらうもの」という前提でフグ料理が成立していることを考えると、成長の良いエサで大きく太らせる方が理にかなっている。

養殖フグには、このように毒を抜いて育てたいという動きと、毒はあるものと認識して大きさを追求する動きの、二つの流れがあることを知っておかなければならない。近ごろの情報化時代では、手前味噌的な情報が一人歩きして、基本的な認識がおろそかにされる風潮があるが、これは大きなリスクとなってきている。

私たちは先人の経験と、それを乗り越えてきた知恵（知的遺産）の上に生きている。水産物を生産して供給するときには、こうした知的遺産もあわせて伝えていかなければならない。水産物の輸出が最近話題になっているが、相手国の水事情や食習慣なども、その知的遺産とともに分析しておくことが大切だ、と学生たちに話しているところだ。

水産物輸出を考える（二〇一七）

トランプさんがアメリカ大統領になって、まずTPPから抜けることを宣言した。わが国ではそのTPP対策とかで農漁業の再編が図られつづけているのに、はしごが外されたのだろうか？　いずれにしてもアメリカに有利な貿易協定を押しつけられることには変わりはないと思われるので、備えは怠れないだろう。

水産物に関しては、関税はもとから低かったので、TPPとはあまり関係がなさそうだといわれていた。

しかし、外国産食品に押されて国内消費が低迷するからと、輸出の促進が叫ばれている。日本で売れないから海外に持ち出そうというのは、広く日本中で買ってもらえないからと地産地消を叫んできたのに似ている話である。

さて、日本の水産物が海外で買ってもらえるのかというと、海外での貿易振興をはかっているジェトロなどは「実績が伸びているから大きな可能性がある」を述べている。実際に最近数年は輸出額が増えていて、これからどんどん売れるのではないかという期待感がもたれているが、どうだろうか。輸出額だけをみれば伸びてはいるが、それは全体の水揚げ高のうち一割にも満たないという実力も考えなければならない。また、輸出された水産物の中には、外国の輸入元が加工し、再び日本に輸出しているケースも少なくない。つまり水産物の出戻りである。これは日本国内の売り場で「原材料国産」と表示されている加工品が増えていることと関連している。

これまで地元産原料を加工して流通させていた地元業者が、人件費等の経費を考えて工場を海外に移転し、地元の水産物を外国で加工して再輸入している。この仕組みは「骨なし魚」など手間のかかる加工処理に特徴的にあらわれている。結果として、地元の雇用を生みだす水産加工場が衰退し、過疎化がいっそう進展することにつながっている。

この冬、おとなり韓国の釜山《ぷさん》を訪ねた。有名なチャガルチ市場をはじめ、水産物を扱ういくつかの拠点をめぐってきたが、日本より数倍も活気が感じられた。活魚水槽が連なる売り場の二階に食堂が並ぶ姿は、沖縄の牧志《まきし》市場と同様だが、そこから漁港沿いにはるか先まで露天の魚屋が並び、活魚も鮮魚も冷凍魚も加工品も、あふれんばかりに売られていて、お客さんも争うように買い求めていく。合間の食堂では焼き魚やヌタウナギの鍋が提供されていて、食欲をそそる。オジチャンやオバチャンたちの笑顔がはじけていた。

日本的な感覚では衛生的にいかがかと思うような環境でも、平気で生牡蠣《なまがき》を食べ、刺身をつくっている。筆者は用心して火の通った食べ物を選んだが、生食にチャレンジした方は案の定《あんのじょう》お腹を壊すことになった。しかし、現地の方々は平気で食べてけろっとしている。馴れの問題だろうか。そういえば、東南アジアで生水を飲んであたるのも日本人ばかりだというし、わが身の抵抗力や免疫力はどうなっているのか不安がつのった。

さらに驚いたのは、釜山のある幼稚園を訪ねたところ、園児にアレルギーがないと聞かされたことだ。日本では三割なり四割の園児にアトピーなどなんらかのアレルギーがあって、悩まされている。給食の除去食の苦労なども測り知れない。しかし、韓国ではあまりアレルギーは話題にのぼらないという。お昼の献立表を見せてもらうと、毎日キムチと雑穀ご飯が定番になっており、牛乳はなかった。小さい子どもに辛いキムチはきついのではないかと質問しても、量を考えてやれば問題はないといい、なによりお腹の大腸菌相を整えてやることが大切だと力説された。

一方で私たちは、食べ物の栄養価や機能性はさかんに気にするが、受け入れる身体のことは無頓着だ。戦後にアメリカ型食生活が持ちこまれ、パンと牛乳が定番となってから、私たちの身体（お腹）はどうなったのだろう。衛生環境と除菌を徹底しないと食べていけないようなひ弱な身体になったのではないだろうか。そんなことを釜山で感じた。

さらに海苔問屋を訪ね、韓国海苔の状況をうかがってきた。日本向けは売れるけれど、欧米向けはコリアンタウンのあるところ以外では苦戦しているという。わが国の海苔も日本料理店や寿司屋には輸出されているが、一般食材としてはあまり伸びないという。

そんな時、二〇一〇年のネイチャー（科学誌）を思い出す。「日本人の腸は海藻に含まれる多糖類を分解できる」という紹介文で、海藻を分解するための酵素は日本人にはあるが、欧米人からは発見できなかったと伝えていた。

東アジアの海にはアマノリ類が生えていて、日本人はおそらく縄文時代から食べていたものと思われる。干し海苔や焼き海苔にしていなかった頃は生ノリを食べていただろう。その時、海藻に付いた「海藻を分解する微生物の遺伝子」が人間のお腹に持ちこまれ、消化酵素として引き継がれるようになったと考えられる。歴史的に海藻を食べてこなかった民族は、そんな酵素は持っていないから、海苔を無理に食べてもお腹を壊すだけになってしまう。食物としておいしさを実感できなければ、その海藻の臭いもオダー（悪臭）と感じられてしまうようだ。

私たち日本人にとっての牛乳や、欧米人にとっての海藻は、お互いの相互理解の中では食べ分かちできることもあるだろうが、身体の方がついて行けるかに関しては疑問が残る。それにはこれらの理由があるのかもしれない。

水産物輸出に話を戻そう。私たちは日本の風土に暮らし、伝統的に魚を食べる食文化を育ててきた。魚の料理やそれにあわせる出汁の文化も、この風土がもたらす軟水のおかげである。腐敗や発酵のしやすい気候風土であるからこそ、和食では清潔感を大事にしてきた。また、水産物を有効に利用し、身体の性能にあった食材を育んできた。

一方、輸出先の国々にもそれぞれ固有の風土と文化があり、それとわが国の水産物がうまくマッチングしてくれるかどうか、よくよく吟味が必要だ。こちらの「売りたい」より、相手の「食べたい」に結びつく提供の仕方が重要になっているわけだ。

「消費拡大」より「消費の質」の向上（二〇一八）

「水産改革」が政府からも民間からも、また海外からも盛んに投げかけられている。その多くは、資源管理をしっかりやって、生産性を向上させ、消費拡大をはかろうというものだ。戦後七十年のわが国の水産現場では「獲れない、売れない、儲からない」の三重苦が一般化しているが、とにかく「獲ってくるほうはなんとかするから、どこへでも売ってくれ」という姿勢が貫かれてきた。

水産を所管する水産庁は「海の幸を安定供給する」という役割を担っている。その前提から「漁獲を重視して、水揚げすれば終わり」というプロダクトアウト（生産側からの視点）の発想ばかりが推し進められてきた。水産物の水揚げは量的な変動が大きく、市場に出したからといって、いつでもスイスイと売れるわけではない。仲買人や加工業者の処理能力に限界があるのだから、売れ残って価格が暴落することはよくある。また、不漁に見舞われ、当てにしていた季節の味覚が届かなくなることもしばしばある。

それを回避するために、はじめから売れる量を見こんで獲ってくれれば良いのに、沖では競争して先取り合戦をしているから、しばしば大漁貧乏の憂《う》き目に遭う。そこで国や自治体に泣きついて「消費拡大」をはかってもらおうということになる。行政側も、現場からの要望があれば、予算を獲得しやすいし、執行の励みになる。結果的に「消費拡大」が共通のスローガンになってきた。

　この六月に水産庁から「水産政策の改革について」という方針が発表され、秋以降には法制化に進むことが予想されている。国際水準での資源管理の徹底や、漁業権の優先順位の廃止など、これまでと違う価値づけが示されており、現場にはさまざまな混乱が生じている。この改革の本筋は、これまでの零細中小の生産性の低い経営から、合理的な発想で生産性の向上をはかることにあり、企業の参入も期待されている。従来の、とにかく漁業を存続させていこうという考え方を弱めて、短期的であっても投資の甲斐があって、経済効果の上がる投機型の漁業に衣替えさせようという組み立てになっている。

　海を工場のごとく見立てて魚介類を生産させ、産地証明などトレーサビリティーを売りものに、集約的に広域大規模流通に乗せていく、あるいは輸出産業へと発展させてゆくというのが、狙いである。そのために、「魚離れ」などといわれて消費の低迷している国内市場に見切りをつけ、あるいは手間暇ばかりかかる従来型の市場流通をあらためて、「特定流通拠点化」をはかるなど、新しい形の「消費拡大」を目指している。いずれも「成長産業化」という政府方針に沿った「生産性重視」の政策である。

　水産政策というのは、本来は「産業政策」と「地域政策」の二本立てであった。それらを車の両輪として機能させることによって、資源や環境の変動に漁業を適応させながら、漁村を維持しつつ漁場の保全をはかろうとしてきた。ところが、このたびの規制改革では、この「産業政策」の部分だけが強調され、漁村や漁場の保全など「地域政策」への配慮が欠けている。「生産性」だけでは測れない「豊かさ」や「安定性」「持続性」がどうなるのか気になるところである。

表題にかかげた「消費拡大」ではなく「消費の質」を考える方法というのは、前者の産業施策における高付加価値化など、単価を上げる施策にも重なるところがある。しかし、水産物の価値を定めるのは一般的な市場原理よりも、それぞれの地方の文化性によるところが大きい。それぞれの漁村や地域社会による価値づけが大きな意味をもっているのだ。

筆者が関わった瀬戸内海のイカナゴを例に挙げると、イカナゴは「かますご」とも呼ばれ、イワシが「田作り」と呼ばれたように、田畑の肥料として位置づけられた魚だった。畑に入れて腐敗発酵させ、窒素やリンなどの栄養素の足しにされるわけで、漁獲時に鮮度への配慮などあまりされないものだった。化学肥料が普及して、イカナゴを肥料にする時代が終わると、養殖魚のエサとしての用途に置き換わった。

いずれにしても食用ではないのだから、量的な漁獲が求められ、生鮮魚に対するような質的な配慮はされなかった。そうはいっても、漁獲現場では生きたままのイカナゴが手に入るから、漁師たちや漁村の住民のおかずとして、漁村料理の一つには位置づけられてきた。そうした漁獲量を重視した漁業は、資源の変動によって経営状況が大きく左右され、大漁貧乏にもなりがちな不安定なものだった。

この状況の改善策として筆者が取り組んだのが、「イカナゴのくぎ煮」という料理文化を広めることであった。イカナゴを食用魚として位置づけることで、それまでの量を重視する漁業から、質を重視する漁業への転換をめざした。古くからの漁村料理を一般向けに改良し、また沖での漁獲作業時に氷を多用するなど、鮮度保持の配慮をすることで実現したものだ。食用の魚にはエサ用の魚の十倍の価格がつくから、量に依存しなくても経営できるようになる。それが資源と品質を管理する余力をもたらし、新しい漁業の形を示すことにつながった。

すべての漁種でこの方法が可能とは言わないが、コストを下げて大量に売りまくるという発想をやめて、マーケットの需要のすき間をねらう品質と物語を特徴とした販売戦略を取ることが、今どきの食料供給に残された道ではないかと考えている。

では、需要のすき間はどうすれば見つかるだろうか？　自分が日常的に食べているものは常識化してしまうので、それをあらためて吟味することは少ない。郷土食も地元の人々にとっては「あたりまえ」で、それについて深く考えることはない。だから「県民ショー」などを見て、他の地方の食べ方に驚くことになるが、そうしたよそ者の視点が重要になる。とはいえ単なる評論や食レポどまりでは役に立たない。地域の暮らしに魅力を感じ、その地をくりかえし訪れるリピーターや応援してくれるサポーターからの助言がヒントになることが多い。

そんなリピーターやサポーターが来てくれる地域には、まさに地域の魅力としての人間性や共同体の魅力がある。その魅力を磨くには「地域政策」が必要だ。「天に政策あれば、民に対策あり」という中国のことわざに習うと、上からの地域保護策がなくても、民の側から共同体を育んで行こうとする内発力が生まれれば、それが共感の輪となってよそ者もやってくるようになる。

過疎に悩んでいた農山村にもそういう事例が見られるようになってきた。農村とつながりたいと思う都市住民も顔を出しはじめている。漁村や漁業地区もそんな息吹をアンテナを立てて感じてみよう。量や生産性にばかり夢中にならないで、質と心の豊かさをみずから享受し、共感の輪を広げることが漁業や漁村の再生の道につながると信じる。

京都の魚暮らし　（二〇二〇）

暮らしの拠点を下関から京都に移した。魚暮らしの点では、漁港の最前線に近接した位置から一歩も二歩も離れた消費地に視点が移ったわけだ。下関、その前の明石にしても瀬戸内海の海の幸に最速で触れあえるのが魅力で、明石ダイ、明石ダコからイカナゴやメイタガレイに続いてキュウセンというベラやアブラメなど磯ざかなたち、下関では高級なトラフグや大衆的なシロサバフグ、アンコウに瀬付きアジ、京都人のあこがれるアマダイやレンコダイなど、いずれも鮮度の良いものが手にはいり、日々の魚暮らしを彩ってくれていた。

久しぶりに京都に帰り、魚売り場を探しあるいたが、刺身や切り身は並んでいるものの、丸ごとの鮮魚はあまり見かけない。切り身もブリ、サワラ、サケ（紅鮭や「時知らず」などが好まれる）、マダイ、スズキなど一尾二キロ以上の大型魚が八〇～一二〇グラム程度に切り分けられて提供されており、めずらしいところとしては高級品のマナガツオがおいてあった。赤身はカツオとヨコワ（マグロの若魚）が並ぶが、やはり白身好みの消費者が多いのか、メバルやカレイ類などが煮つけ素材として幅をきかせている。そして京料理に欠かせないアマダイ（ぐじ）とハモは定番となっている。

もちろん和食の総本山である料亭などには工夫を凝《こ》らした全国の食材が集められているが、庶民相手にはお惣菜《ばんざい》に相応の食材が求められる。かつては町内ごとにあった魚屋や豆腐屋さんはずいぶんと数を減らしているが、一キロ圏内にはどこかに頑張っているお店が見つかる。かつては二〇〇世帯に一軒の魚屋が経営できたが、今では千世帯以上の顧客をかかえる必要があるようだ。安売りではスーパーや量販店に優位性があるので、お魚小売店としては、飲食店への卸《おろし》売《う》りとやや高級志向の魚種をそろえることが求められている。これに加えて高齢世帯と一人暮らし世帯に対応した小口の調理品（焼き魚、煮魚など）も用意する必要がある。また、乾物としての干しものも、使うのが習慣化している家庭には欠かせないもので、産地指定で仕入れを求めるおなじみ客もある。

京料理のぐじ酒蒸し
（アカアマダイ）

こうしてみると、内陸の京都であっても案外上質な魚食暮らしが得られる面もある。そこには産地とのあいだの距離を「間」としてとらえ、鮮度低下という時間軸での不利な点を、熟成という前向きな工夫で補う知恵を見ることができる。

世間では「魚は鮮度が命」といわれ、漁獲されて一刻も早く調理するのが一番良いと思われている節がある。旅番組などではタレントが漁船に乗りこみ、漁獲されたばかりの獲物をさっそくさばいてもらい、その場ですぐに食べるシーンがよく紹介される。そして、それが最上の味であるかのように伝えられているが、本当だろうか？　というのも、明石の本場では、獲れてすぐの新しい魚は「荒魚《あらうお》」と呼ばれ、筋肉がゴリゴリしてうま味に欠けると評価されてきたからだ。そのため、明石では漁獲してから一昼夜は活魚を暗い生け簀に泳がせ、「活け越し」と呼ばれる処置を行なうのを原則としている。この活け越しのあと、最終的に食べる時間を見計らって「活け締め」という魚の即殺処理をし、ものによっては血抜きや神経締めを行なう。このように今日では、魚の価値を高めるために、食べるまでの間合いを計ることが重要だとされており、その技術が全国に広まってきているのである。大事なのは速さだけではないといえる。

では、なぜ「鮮度が命」という価値観が一般的になったのだろうか。これは「餅は餅屋」と言うように、「魚は魚屋」だという思いが世間にあって、魚屋のいう「良い魚」の条件を世間がそのまま受け取ったからではないだろうか。魚屋は仕入れた魚を売りさばいて商売とする。仕入れた魚がそのまま売れれば、手数料を加味するだけで経営が成り立つのだが、そう甘くはない。魚の部位によって客の好みに差があり、売れ行きに影響がでる。お客さんの出足によって早く売れることもあれば、多くが売れ残ることもある。そんなロス率を勘案して、魚一匹をどのように売りさばくかを決めなくてはならない。それには経験がものをいう。

スーパーなどが取り入れているＰＯＳシステムは、販売実績をもとに、次の売れ筋を読んで仕入れを進めるが、今後は季節や天候をはじめ、地域の行事や年齢構成などを学習させたＡＩに期待する向きも出てくるだろう。しかし、その前提としての、魚の商品価値の見定めは、プロの目利きが少なくなっている今日ではむずかしくなっていないだろうか。

魚などの自然産物は、どの品目でも高級品は数パーセント、上級品といえるものが約二割、半分くらいは二級品で、残りは三級あるいは等外品になることが多い。魚でいえば、高級品や上級品はお店の格に応じて刺身や寿司ネタに使われ、二級品は焼き物、煮物、揚げ物に用いられる。品質が落ちれば雑菌が増えやすくなり、食中毒のリスクが増えるから、加熱調理が必要になるわけだ。さらに三級品以下では食用にするのに注意が必要となる。食酢で洗った上で加熱をしっかりし、身よりは出汁を重視する使い方になる。熱帯地方のフィッシュヘッドカレーなどに学ぶ必要がある。等外品は食用を避け、家畜や養魚の餌、農業肥料へと仕向ける。それぞれ相応の値段になることから、どの分野に力を入れて商売するかが経営の成否を握る。

生産者側からすると、上級品以上は何もしなくても売れるから、大半を占める二級品をいかに売るかが知恵の見せどころだ。二級品を上級品に押しあげる努力や手間暇は並大抵ではない。しかし、非食用品を食用品に押しあげると、イカナゴのくぎ煮のように価値は十倍以上に跳ねあがる。海苔も、寿司やおにぎりのようにご飯相手だと上級品以上が望まれるが、ラーメンのトッピングのように濃厚スープや脂との相性を考えると二級品のほうが合う場合もある。

魚屋の話に戻ると、上級品以上を刺身で売るのが利益につながりやすいが、売れ残ると加熱調理にまわす工夫が必要になる。仕入れた魚をどのような割合で売りさばくのか、それぞれの地域の消費者の構成と嗜好《しこう》を読み、価格帯を見定めて仕分けを工夫する必要がある。新鮮な魚は高価だが、刺身にも煮炊きものにもでき、いろいろな使い分けが可能なところに価値がある。「鮮度が命」というのは、鮮度がよければ使い道が多く、鮮度が落ちると選択肢がなくなるという意味でいわれた言葉なのだ。

消費者の側でも魚のランクに応じた食べ方やひと手間のかけ方を今一度見直し、自然資源と無駄のない付き合いをすることが、あるべきアフターコロナの暮らし方ではないだろうか。

第六章　イカナゴとノリ

イカナゴの春（二〇〇一）

三月の声を聞くと明石や神戸の台所まわりが賑《にぎ》やかになる。まるで春一番の喧騒《けんそう》だ。いつから「イカナゴのくぎ煮」などという季節行事が持ち込まれたのか、今ではすっかり地域の伝統食におさまっている。家中が、町内中が甘辛い香りにつつまれ、魚屋、八百屋、荒物屋に酒屋まで、くぎ煮関連の商材を扱う店や宅配便が賑わい立ってくる。季節感が失われてきたといわれる今日であっても、みんな春を待ちわびているのだ。

イカナゴは、スズキ目の小魚で、広く日本列島周辺に生息するが、もともとは北の方の出身らしく、亜寒帯地方によく適応している。そのため、東海地方から瀬戸内海、九州北部など温帯に属する海域では、亜寒帯的環境になる冬を中心に活動し、温帯的な夏場には砂にもぐって夏眠《かみん》する。北海道の一部に、キタイカナゴという同類がいるといわれるが、他はすべて同一種だ。地方名が多く混乱するが、イカナゴ、コウナゴ、オオナゴ、メロードなどもすべて同じ種類である。よく間違われるのはキビナゴで、これは南海道によく見られるニシン目のイワシに近い魚だ。

瀬戸内海では十二月に産卵期があり、生まれた稚魚は二月末には三センチ弱になる。それから一日あたり〇・六五ミリずつ成長し、四月には約六センチ、六月には八センチほどになって砂にもぐり夏眠を迎える。もちろん成長の個体差はあり、二倍以上の差がみられるが、平均すればこんなものだ。夏眠を終えて砂から出てくるのが、水温にして18℃を下回る十一月下旬から十二月ごろで、一年目から成熟産卵する。このころの体長は約一〇センチ。十二月に産卵を終えた一年魚は「ふるせ」と呼ばれ、さらに成長を続け、六月には十三センチほどになって再び夏眠に入る。寿命は四年程度と考えられており、十五センチを超えるものも出てくるのが瀬戸内海の通例とされる。

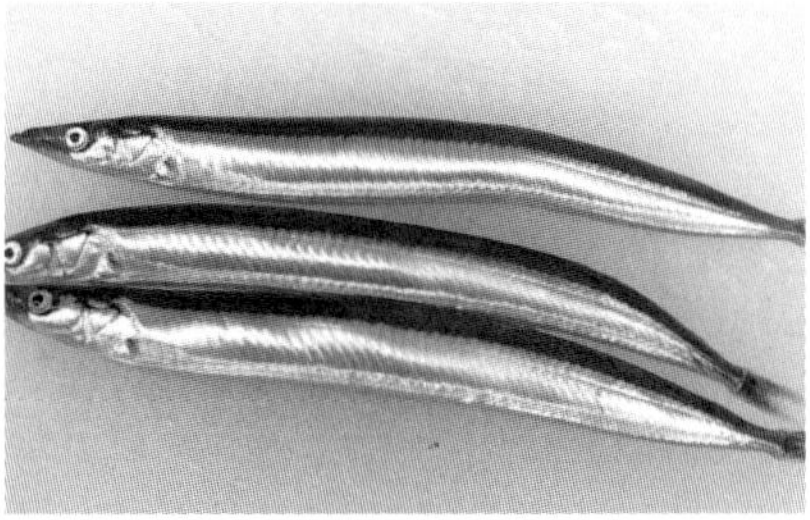
イカナゴふるせ

水温が18℃以上には上がらない北の海域では、夏眠期間は短く、それだけよく成長する理屈で、東北海域のメロードと呼ばれるものなどは二〇センチを超え、小さめのサンマのようだ。これも同一種というから面白い。

研究者というのはもっと面白く、イカナゴの脊椎《せきつい》骨の数をかぞえている。南の地方では五〇個台だが、北に行くにつれて数が多くなり、七〇個近くなるという研究がある。産卵時期に発生していく時の水温によって、体節分化の程度に差ができるからだと考察されているが、「それがどうした」と突っ込みたくなるのは、門外漢の気安さか。当の研究者にとっては、しゃれではない真剣勝負なのだろう。

明石におけるイカナゴ漁は、一九八〇年代前半までは、五月六月を中心に行なわれ、ほとんど養殖魚（タイやハマチ）のエサとして四国九州方面に出荷されていた。戦後の食糧難のころには、煮て半乾燥させた形で食用に供されていた。さらに昔だと、藁《わら》の袋である「かます」に詰められ、肥料として農地に供給されていた。だから「かますご」とも呼ばれる。イワシの干物を「田作り」と呼ぶのと同じだ。

養殖魚の餌として出荷していた時の価格は、一キロ三十円程度で大漁貧乏の代表選手だった。

それでも漁港によっては二千トンから三千トンも水揚げしていたから、漁業としては何とか成りたっていた。しかし、十数年前からその漁獲量が減りはじめた。

明石で漁獲対象となるイカナゴは、播磨灘の鹿ノ瀬で産卵する群と岡山県から香川県にかけての備讃《びさん》瀬戸で産卵する群からなる。鹿ノ瀬が一に対して備讃瀬戸が二という比重だった。その備讃瀬戸から流れてくる群が一九八〇年代に入ると極端に不漁になり、イカナゴ漁業が存続の危機に立たされた。近ごろ話題になってきた「海砂採取」の影響だ。

兵庫県では禁止されている海砂採取が備讃瀬戸では盛んに行なわれてきたため、イカナゴが産卵し、夏眠する場所が失われてしまった。結果、岡山県などのイカナゴ資源は激減し、岡山水産試験場のイカナゴ資源調査がその後しばらく取りやめになったほどだ。

鹿ノ瀬の群だけではエサ目的のイカナゴ漁業は成りたたなくなることから、食用化を狙ったのが「くぎ煮」の普及作戦だった。「くぎ煮」には生のイカナゴを使う。昔からの漁村料理だった「しょうゆ煮」から派生したものだ。しかし、減塩ブームの消費者には昔ながらの味つけでは食べてもらえないことから、津々浦々の漁協婦人部が工夫して今の消費者に喜ばれる味を競うように見つけ出してきた。さらに、工場で大量生産するのではなく、各家庭で手作りを楽しんでもらい、知り合いに配ってもらおうというのがみそだった。

生のイカナゴを使うから、鮮度の落ちやすい点が当初心配されたが、それがかえって評判を呼んだ。漁港に水揚げしてから三時間以内に鍋にかけないと、おいしいくぎ煮はできないと宣伝し、くぎ煮づくりのできる範囲が明石から神戸西部に限定されたのである。これによって、産地限定・地域特産という特長が他にない値打ちを生んだ。今では、数百トンの水揚げがあった最盛期の数分の一しか漁獲してこないが、価格は一キロあたり数百円から千円と、エサ時代の何十倍にも跳ね上がっている。

イカナゴ新子

漁期もイカナゴの新子が浮遊している期間を狙い、着底期に入って獲物に砂が混じらないように配慮して、四月早々には休漁に入る。これは、翌年に産卵用の親を生き残らせる資源管理の方策でもある。難点といえば、晩春のメバルやタイの釣りエサに事欠くことだろうか。

イカナゴ物語　（二〇〇五）

瀬戸内海で一番たくさん獲れる魚は、イワシ類（マイワシ、カタクチイワシなど）とイカナゴだ。イカナゴは「こうなご（小女子）」「かますご」「メロード」「おおなご」などと各地で呼ばれ、日本各地に産する。関西では「かますご」や「新子の釜揚げ」あるいは「かなぎちりめん」などの商品名が親しまれている。

イカナゴのくぎ煮の原点は、明石海峡周辺の漁村で伝えられてきた「しょうゆ煮」ではないかとされている。これは漁師たちがイカナゴ漁に出るときに、ご飯だけを弁当として持っていき、漁船の上で獲れたイカナゴを生のまま醤油でグツグツと煮たて、それをおかずに食事をしていたのが、漁村に伝わったものだ。当時の漁期は五月六月が中心で、よく育ち脂ののったイカナゴを濃い味つけで食べていた。漁師たちは肉体労働で激しく汗をかくので、ご飯を大量に食べるためには塩辛い味つけが不可欠だったのだろう。また、味つけを濃くすると保存性も良くなることから、漁村でも濃い味つけが残っていったのだろう。

イカナゴは鮮度が落ちやすく「かますご」として一部は食用にも使われたが、多くは煮干しにして、「かます」につめ、肥料として出荷されていた。しかし、農業が化学肥料を用いだしてからは、天然由来の肥料の需要は減り、代わりに養殖漁業のエサとして使われるようになった。ただし、その売値は一キロが三十円ほどときわめて安く、漁業は大漁貧乏になっていった。

一九八〇年代になると、瀬戸内海のイカナゴ資源は、海砂の採取や公害、乱獲などによって減少し、イカナゴ漁業の存立すら危うくなっていた。そこで明石海峡沿いの漁協の婦人部たちが、消費者に食べやすいイカナゴ料理を工夫しようと取り組み始めた。

① 味つけを少し薄味にして、一般の消費者にもなじみやすくする。(次頁のレシピ参照)
② 魚臭さが出やすい大きなイカナゴを避けて、小さいものを使う。
③ 四月以降のイカナゴは砂地に暮らすため「砂噛み」が生じて消費者に嫌われる。そこで、三月

のまだ稚魚で浮いている時期に漁期を移す。

④漁協でつくった「くぎ煮」を売るだけでは消費者の楽しみも少ないことから、消費者自身にもくぎ煮づくりを楽しんでもらおうと、料理教室で普及をはかる。

⑤イカナゴは鮮度が命なので、鮮度の良いものを獲ってくるように、また獲ってからもていねいに扱うように、漁師に頼む。

こうした取り組みによって、一九八〇年代後半から、明石や神戸の人々のあいだで、イカナゴのくぎ煮が三月の風物詩として広がっていった。

【レシピ】　イカナゴのくぎ煮

	今風	昔風
生のイカナゴ	1㎏	1㎏
濃口しょうゆ	２００cc	３５０cc
ザラメ砂糖	２００ｇ	３５０ｇ
しょうが	５０ｇ	５０ｇ
酒・みりん	２００cc	―

イカナゴは時間とともに鮮度が落ちるので、水揚げされてから三時間以内に鍋にかけることを心がける。手に入れたイカナゴはザルに入れ、ゴミと氷を取り除く（できるだけ水洗いは避ける）。用いる鍋は、ガスの炎が一番強火のときに鍋の底面一杯くらいに広がる大きさで、やや深めのものが好ましい。鍋が小さいと焦げつくことがある。

鍋に調味料を入れて煮立て、しょうがの千切り（イカナゴと同じサイズ）を用意する。たれが煮立ったら、しょうが半分量を加え、続いてイカナゴを全量入れて手でたれとイカナゴを混ぜ合わせる。イカナゴが白くなると崩れるので、その前に手早くなじませる。たれは熱くてもイカナゴが冷たいので、鍋に触れない限りやけどはしない。その上に残りのしょうがを振り入れ、アルミホイルの落し蓋をして強火で炊く。あわが吹きこぼれそうになったらアルミホイルの落し蓋の大きさを調整し、吹きこぼれないようできるだけ強い火力を保つ。たれが煮詰まるまでイカナゴには触れない。

　たれが煮詰まったら鍋返し（鍋をゆすってイカナゴを天地返しする）して、全体にたれをなじませる。そのあと、ザルに広げて手早く冷ます。たれが垂れるのを回収し、次のくぎ煮の時にたれの足しとして使うと、繰り返すごとにこくが増す（青魚の煮つけにも使える）。

　酒とみりんの配合は、材料をかたくしたいときにはみりんを多めに、やわらかくしたいときには酒を多めにする。

　このように、各家庭で手づくりをして季節を楽しむことができるようになると、おすそ分けがしたくなる。小魚の料理は二度と同じ味がつくれないほど変化に富んでいるので、人に味を確かめてもらいたくなるものだ。同じ調味料を同じ配合にして、同じ火力で同じ時間かけてつくっても、元のイカナゴの鮮度や水分によって仕上がりは大きく違ってくる。

イカナゴのくぎ煮

　婦人部が商品化して売ろうとしたときには、一番やっかいな品質の安定性が難点になったものだが、これが手づくりをする側からすると、面白みであり楽しみでもある。ご近所や親戚に贈り贈られるうちに、家庭の消費量の何倍もつくるようになってしまった。魚食普及では、とりあえず食べてもらえるようになれば上出来と思っていたものが、人々の機微にふれて大きなブームになっていったのは計算外のことであった。

売れればうれしくなってたくさん獲ってこようとするのが漁師だが、値崩れの防止と資源保護を考え合わせて漁獲制限も工夫されている。またイカナゴを残せば、その群に混じるアイナメやカレイの稚魚も生き残れるので、操業時間で区切る方法を工夫した。このように目先の利益に走らないことも大切だという漁業側の自覚も芽生えているところが、このイカナゴ物語の面白さである。

「もやしけ」とやせたイカナゴ　（二〇〇六）

春霞《はるがすみ》という言葉があるが、これは一般的にいわれる霧と同じ気象現象だ。こだわっていうと、春は霞《かすみ》で秋冬は霧《きり》というのだそうだ。徒然草《つれづれぐさ》の時代には、春は待ち望んだ季節として描かれているが、今日では花粉症や黄砂に見舞われ、マスクや目薬が欠かせない季節になってしまった。

明石海峡にも春霞が垂れこめ、漁師たちは霞の上の青空を眺めながら「もやしけ」だからお休みだと、出漁を控える。風や波が大きくなっての時化《しけ》なら分かるが、青空の穏やかな日和なのに「もやしけ」で出漁を控えるとは、一般には理解されにくい。

しかし、海上で作業する者にとって、視界が利かない霧の中というのは非常に危険で、リスクが大きすぎる。沖に出ていて霧に包まれると、自分の港に戻るのさえ命がけとなる。筆者も何度かそんな目にあったが、普段の心がけの大切さを思い知らされる。

近代的な漁船の場合、ＧＰＳとレーダーを備えている。ＧＰＳで自分の位置が分かり、動くにつれて航跡が記録されるから、自船がどちらに向かっているかを正確に知ることができる。また、GPSでは捉えられない他船の動きや障害物もレーダーがあれば検知できる。

筆者は、GPSやレーダーのない昔風の小型漁船に乗って、いきなり霧に襲われたことがある。沖の鹿ノ瀬で調査中に霧に包まれ、ほんの数メートル先の舳先《へさき》さえ見えなくなった。

あるのは羅針盤の磁石だけ。漁港への直行ルートを通った場合、少しでも潮に流されたら大型船の航路に迷い出てしまう。霧でも二〇ノットで走る大型船のあいだに出て行くようでは命がいくつあっても足りない。そこで、なるべく早く岸に近づく北上策をとった。大型船との遭遇を最小限にするコースだ。

走り始めてしばらくはノリ養殖のブイがあるので、それを目印に進み、そのあとはひたすら磁石を頼りに進む。それも微速前進だ。他船のエンジン音を耳で探ったり、霧の中に目を凝らしたり、こわごわ進んだ。

ふと甲板をみると、調査に使う透明度板が目に入った。それにはメジャーがついており、おもりもある。船足を止め、海底にメジャーを垂らして水深を測った。十三メートルだった。このあたりの海図はぜんぶ頭の中にあるので、ノリの養殖施設からの角度で、だいたいの位置の見当がついた。あと一キロ進んで水深が深くなれば航路に寄っているし、浅くなれば大丈夫だと分かる。

こうしておそるおそる船を進め、普段なら三十分で着く海岸部へ三時間近くかけてたどり着き、岸辺に沿ってようやく帰港したことがあった。

霧の中でも、このように海面の波のたち具合や濁りの変化などをみて、だいたいの場所を見当づけられる場合もあり、これには普段からの観察と経験がものをいうのだと再認識した次第だ。

こんな話を思い出したのは、消費者から苦情の電話がきたからだ。三月上旬のある土曜日、天気が良いので仕事を休んでくぎ煮を炊こうとイカナゴを買いに来たのに、魚屋にないと言われて困っている、定休日でもないのに出荷しないのはどういうわけだと、えらい剣幕。まさにその朝が「もやしけ」だった。神戸の町では晴れて良い天気なのに、明石海峡は霧で航行不能だったのだ。別に値段を釣り上げようと売り惜しんだわけではないのだ。

しかし、そんなに期待されているイカナゴだが、二〇〇六年は様子がおかしい。イカナゴはいうまでもなく「くぎ煮」の主役だ。三月初旬の解禁日以来、明石や神戸の町角にはくぎ煮を炊く匂いが漂って、春の風情《ふぜい》をかもし出している。しかし、多くの方から「今年はくぎ煮に失敗した」「うまく炊けなかった」と反省の弁が聞かれる。

筆者も解禁を待ちかねて、醤油やザラメ砂糖、ショウガを買いそろえて待ち構えていたのだが、最初の一週間は見送った次第だ。なによりもイカナゴが小さい。そして針のようにやせている。これでは炊いても調味料の味しかしないし、下手に炊くと団子状になるだけだ。

イカナゴの資源管理を指導する兵庫県水産技術センターは、十二月の冷え込みでイカナゴの産卵が早めに進み、一月からは冷え込みがさほど進まなかったことから、イカナゴは良く育つだろうと予測していた。しかし、二月段階の試験操業では魚体がまだ小さかったというので、解禁は三月一日に決めたという。

この時期、イカナゴの稚魚は一日に〇・七ミリ成長する。三日で二ミリずつ背が伸びるわけだ。だから解禁日には三センチを超えてくると予想しての決断だったのだろう。ところが、解禁後の水揚げでは、たしかに中には三センチを超えるものもあるが、一方で二センチにも満たないものもあるという。おまけにやせている。

これはどう見ても、明石海峡周辺でイカナゴのエサが不足しているのではないかと考えられる。イカナゴの新子の釜揚げを買い求めるとよく分かると思うが、つまみ上げてみるとよく育って赤い腹をしたものが数匹あるものの、多くは二、三ミリの細い針のようで、ポン酢をふりかけて食べてみても酢の味しかしない代物だ。

赤腹のものは、エサのコペポーダ（みじんこ）がよく詰まっているということ。エサに恵まれたイカナゴというわけだ。やせた方は、お腹も黒っぽく、ろくに栄養のあるものが食えていないようだ。

この季節、海の栄養状態を一番良くあらわすのが養殖ノリだ。コンビニおにぎりを巻く焼海苔の最大産地である明石海峡周辺が栄養不足に見舞われて数年。いよいよ、その栄養不足がイカナゴにまで及びだしたのだろうか。海中にはユーカンピアと呼ばれる植物プランクトンが大発生していて、ノリの栄養を奪っている。植物プランクトンは通常なら動物プランクトンのコペポーダに食われ、栄養はイカナゴへと伝えられていく。しかし、このユーカンピアは大きな群体をつくっているのでコペポーダの口に合わないらしい。せっかくの植物プランクトンの栄養がイカナゴに届かないのだ。そんな現象が明石海峡で起こっている。

春の雨がふり、日差しが強まることによってユーカンピアが姿を消してくれれば、あるいはイカナゴの成長が回復するかもしれないが、下手をすると今年は空振りになるのではないかと心配している。

さて、小さいイカナゴをうまく炊くにはどうするか。くたくたと時間をかけて煮ると煮崩れるので、すばやく炊き上げることが肝要だ。普段一キロずつ炊くところを五〇〇グラム単位にして、材料を半分でやってみる。しかも、たれが十分に煮立っているところに、少しずつイカナゴを振り入れて、決して温度が下がらないようにする。こうすれば、手間はかかるけれど、一応満足のいく姿で仕上げられると思う。ただ、小さいために鮮度がいっそう落ちやすい。普段以上にすばやく仕上げることが大切だ。

イカナゴ不漁のシナリオ　（二〇〇七）

今年も春を告げるイカナゴ漁が行なわれ、明石や神戸では「イカナゴのくぎ煮」を手作りする人々の狂想曲が奏《かな》でられる。すっかり風物詩になった行事であり、全国的にも春の便りとして待ち焦がれている人々も多い。昨年は、イカナゴの成長が非常に遅く、またやせていたこともあって「くぎ煮」の評判が芳《かんば》しくなかった。せっかく行列までして買い求めたイカナゴを炊いたのだが、きれいに出来なかったというのだ。

今年はさらに不漁が追い討ちをかける。温暖化の影響だろうか、冬の季節風が少ない。人間には寒さが身にこたえないので助かるのだが、冬が冬らしくなければ春の印象も薄くなってしまう。

三月はイカナゴで春を迎え、全国の知り合いに、「くぎ煮」であいさつするのが習慣になっていたのに、困ったことだ。いったい海では何が起こっているのか、そしてイカナゴのくぎ煮はどうなるのだろうか。そのシナリオを追ってみよう。

イカナゴのくぎ煮は通常は生のイカナゴ一キロ単位で鍋にかける。そうすると失敗も少なくできあがるものだが、昨年はそれでもうまく行かなかった方が多かったようだ。原因はイカナゴがやせていて小さく、水分が飛んで煮あがるころには煮くずれてまわりとくっつき、団子になってしまうことだ。対策としては業務用などの強火の利くコンロを用いて短時間で煮つめるか、鍋にかける分量を減らして五〇〇グラム単位で炊くなど、火にかける時間を短縮することがコツだ。

こうした混乱が生じたのは、何よりもイカナゴの稚魚たちのエサが不足したためではないかと考えている。イカナゴの稚魚は十二月に生まれると漂流生活を送り、季節風による東向きの流れに運ばれて播《はり》磨灘《まなだ》から大阪湾に広がる。大阪湾は富栄養の海として知られており、窒素やリンなどの植物プランクトンを育てる栄養に富んでいる。その植物プランクトンを食べて育つのがコペポーダ（かいあし類）などの動物プランクトンのそのまた幼生たちだ。一ミリの何分の一という小さな動物プランクトンをエサに育つのがイカナゴの稚魚だ。十二月に孵化《ふか》したときにはミリ単位の体長のものが、三日ごとに二ミリずつ成長していく、順調に行くと三月のはじめには三センチに達し、くぎ煮ができるサイズになる。

ところが近年、二月から三月にかけて播磨灘でも大阪湾でもユーカンピアという植物プランクトンが大発生して、海中の栄養分を独り占めしてしまう事態が多発するようになった。このユーカンピアは珪《けい》藻《そう》の仲間だが、たくさんの細胞がひとつながりの群体となって海中に漂う性質をもっている。細胞一つずつならコペポーダなど動物プランクトンのエサになるサイズなのだが、群体になると大きなものではニミリとか三ミリのサイズになる。これではコペポーダのエサには大きすぎて口に合わない。その結果、動物プランクトンの口に合う植物プランクトンが少なくなり、イカナゴの稚魚の口に合う動物プランクトンも少なくなるという不都合な事態になった。こうして昨年のやせたイカナゴ事件につながっていったのだ。

さて、今シーズンはどうだろうか。冒頭にも述べたように、暖冬による季節風が少ないことはイカナゴの産卵にも影響を与える。十一月の終わりから十二月のはじめにやってくる木枯らしが、海水温を下げて産卵のきっかけになる。

イカナゴは高温期には夏眠する習性をもっている。そして水温が18℃を下回ると再び海中に泳ぎだして産卵期を迎える。それが木枯らしの季節とだいたい一致するのだ。今年のようにぼんやりと寒くなってくると、播磨の沿岸や淡路島の沿岸、そして鹿の瀬など海域によってイカナゴの産卵時期がばらばらになって、あとの成長にむらが出てしまうことになる。

　また、生まれたイカナゴの卵、そして孵化した稚魚は季節風による東向きの流れに運ばれて播磨灘一帯から大阪湾へと広がっていく。この産卵期に季節風がよく吹いて、稚魚が広く散らばることには二つの意味がある。ひとつは、先にも述べたようにエサとの出合いだ。かたまって少ないエサを奪い合うより、広く散らばって海域のエサを有効に使う方がよいからだ。もうひとつは、稚魚が食われるリスクを下げることだ。産卵場になる鹿の瀬などは親のイカナゴが生息する場所であり、砂地の海底が特徴だ。親のイカナゴもプランクトン食性だから、生まれた稚魚が、その生息域の上に漂っていれば、自然と共食い状態に陥ってしまう。


産卵期に季節風が吹くことで、イカナゴの稚魚が親の虎口から逃れ、親イカナゴのいない、砂地ではない海底の上に流れて行って生き延びられるわけだ。今年の季節風の少なさは、そういう意味でイカナゴにとっては災難だったといえる。

　兵庫県水産技術センターによると、十二月の産卵量は平年よりはるかに多かったのだが、二月の調査では稚魚の数が例年の数分の一という有様だった。やはり冬は冬らしく、木枯らしもちゃんと吹いてくれないと困るのだ。

　少ないイカナゴといえども、くぎ煮を炊いて知り合いに贈る行事をやめるわけにはいかないと、苦労された方も多いと思われる。そこで、今後の参考になるミニ知識だが「くぎ煮を炊くには月を見よ」という言い伝えがある…というのは冗談で、くぎ煮が広く取り組まれるようになってまだ二十年少々だから、言い伝えができるほどではない。これは筆者が言い出したことだ。

瀬戸内海には潮流がある。月を見て、満月と新月ならば大潮だ。上弦や下弦の半月のときには小潮となる。大潮のときは干満の差が大きくなり、潮の動きも大きく、潮流も速くなる。小潮のときは、干満の差も小さく、流れも穏やかだ。これがくぎ煮のできあがりに関係することがある。

くぎ煮にするイカナゴは三センチから五センチくらいのシラス段階だ。群を成して泳いでいるが、そんなに強い遊泳力をもっているわけではないので、どれだけ泳げるかは、潮の流れに大きく影響される。流れがゆるいとイカナゴの稚魚の大小の違いにはあまり関係なく泳げるのだが、流れが強くなってくると、小さいものは遅れ、大きいものと差がついてくる。

結果として、潮の速い大潮時はイカナゴの群は大きさによって分かれて、群の中のサイズがそろってくる。逆に小潮だと群の中に大小のサイズが入り混じってくる。群の中のサイズがバラバラの状態を漁村では「あばこ」と呼び、炊いたときに火の通りに差がついて団子になりやすいから注意が必要だ。うまく炊くためには技量よりも大潮時を狙うことが大切だというのにはこうした理由があるからだ。

同じ意味で、明石海峡ものがおいしくて、大阪湾の真ん中はあんまりというのも、流れの強さが影響しているわけだ。ご参考に！

ノリの異変　（二〇〇二）

諫早湾《いさはやわん》の干潟をめぐる問題がなお続いている有明海で、この冬も養殖ノリの色落ちが厳しいものになっている。瀬戸内海のノリ養殖漁業もよそ事ではすまされない事態だ。何が起こっているのだろうか。

養殖ノリはクロノリとも呼ばれ、もともと黒い色をしており、潮間帯《ちょうかんたい》の上部に密生する。その下に育つ緑色のビニールのようなアオサや、川に育つ緑色の糸のようなアオノリとは区別されている。その黒さが、いまどきの毛髪ファッションのように茶色に、さらには黄色に変色していく。つまり、ノリの細胞に含まれる色素が十分に合成されず、できた海苔も繊維ばかりで残念なものとなる。

その原因は、直接的には、植物プランクトンが大発生して海水中の窒素やリンなどの栄養成分を消費し尽くし、養殖ノリに栄養が届かなくなったことだ。しかし、植物プランクトンの大発生が、このように頻発するようになったのは、近年の異変といえる。異変はなぜ起こるのだろうか。諫早湾の大規模工事（一九九七年）がその引き金となったのかが問われている。

諫早湾の近辺だけを見れば、潮受け堤防の内側には濁り水があり、引き潮のときに水門が開放されては濁水が有明海に広がる。栄養分に富んだ濁水は有明海の植物プランクトンに格好の繁殖チャンスを与える。こうして大繁殖した植物プランクトンが有明海の潮の流れにのって、向かい側にある熊本県や福岡県のノリ養殖漁場を襲うわけだ。なるほど、こういう仕組みなら堤防の内側に濁水がたまらない工夫をすること、つまり干拓と淡水化事業を取りやめ、元の干潟に戻すことが大切になる。干拓事業に批判的な漁師たちの主張もそこにある。

もう少し視野を広げてみよう。有明海では数年、いやもう少し前から海底に住む貝類に異変が生じている。貝柱料理で人気のタイラギという貝が減少著しい。問題が起こる二、三年前からは、潮干《しおひ》狩《が》りの人気者であるアサリさえ減少してきた。これらの貝類は海水を吸っては吐き出し、海中に漂っているプランクトンをエサにして育つ。こうした貝類の減少は、先ほど紹介した植物プランクトンにとっては天敵がいなくなるということにほかならない。喰われて抑制されないかぎり、植物プランクトンの繁殖は栄養分を食い尽くすところまで進んでしまうのだ。

では、なぜ貝類が減ってきたのだろうか。ひとつには赤潮が指摘されている。赤潮は海の生態系のバランスが崩れてきたことの現われといえるが、栄養が過剰になってきたこと、干潟の浄化能力が低下してきたこと、潮の流れが変化してきたことなど複合的な原因があるだろう。赤潮というプランクトンの大発生が貝類を死に追いやっている。

また、海底の貧酸素化も指摘されている。有明海の周辺からもたらされた有機物が海底にたまり、それが分解される過程で海水中の酸素が使われてしまい、海水が酸素不足になるのだ。酸素が足りないと、動物の多くは窒息して生きてはいけない。とくに動けない貝類などには致命的な現象だ。

こうした生態系と環境の変化には、陸上の人間が間接的に関わっている。その変化の度合いの大きさが、有明海の自然の浄化能力を越えたときに、異変がおそってくる。漁師たちはその矛先《ほこさき》を開発政策に向けている。

しかし、事が有明海だけのことならひとつの海での完結した話として終わるのだが、困ったことに瀬戸内海でも似たような現象が起こっている。筆者がよく足を運ぶ兵庫県の明石周辺のノリ養殖漁場においても、二〇〇二年の三月にはひどいノリの色落ちが生じた。生産不能におちいる期間が年々拡大するのではないかと心配されている。

有明海と違うのは、大発生する植物プランクトンの種類が有明海ではリゾソレニアという種類なのに、播磨灘ではユーカンピアという種類だったところだ。干潟の広大な有明海では、泥に住む貝類が植物プランクトンを食って大増殖を抑制してきたが、近年は貝類が激減して抑制がきかなくなっている。播磨灘では植物プランクトンから動物プランクトン、小魚へとつながる食物連鎖が抑制役だっただろう。ところが、ユーカンピアは細胞が連なった群体をつくる。一粒ずつなら動物プランクトンの餌になるのに、二ミリ以上もある大きな群体となっては動物プランクトンも口に合わなくなる。結局、季節が進み、水温や日差しなどの環境が変化して、他の種類に取って代わられるまで、居座ってしまうことになる。

では、播磨灘でこんな状態になる理由は何だろうか。二〇〇二年の時点では解明されていないが、赤潮が頻発した二十数年前からいえば、海はきれいになってきたといわれる。たしかに透明度はよくなっている。しかし、海の生態系バランスはどこかで狂ってきているように感じる。赤潮騒動にはなっていないが、冬のノリ養殖時期に出しゃばってくる植物プランクトンに一つの特徴が見られる。

赤潮騒動が比較的沈静化してきた十数年前（一九八〇年代後半）にはコシノディスカスという珪藻の植物プランクトンが冬になると大発生をくりかえしていた。これは植物プランクトンの中では大粒で、粘着質の物質を細胞外に排出して浮力の足しにするとともに、海中にただよう細かな汚れ（SS：浮遊物質）をくっつけて沈殿させる作用を見せる。すると海水の透明度はよくなり、水中深くまで日の光が届くようになる。結果的に、大粒で重く、沈みやすいコシノディスカスの生息空間が広がることになる。

次に二〇〇〇年代に入って出てきたのがキートセロスとタラシオシラという珪藻だ。いずれも細胞自身は小粒（一〇～二〇ミクロン）だが、多数集まって二ミリ、三ミリという大きな群体をつくる。植物プランクトンが細胞ごとにバラバラに海中にただようと海水の透明度を低下させるが、このように群体でまとまると、その隙間《すきま》が広がって透明度はよくなる。一見きれいになったような海の内実が、こうした植物プランクトンの新しい生き残り戦略に置き換わってきている。

これまでの食物連鎖ではうまく抑制できないような生態系の変化が、ノリ養殖にも危機をもたらしている。環境アセスメント報告書でよく見られる「個々の開発の影響は、大きな海の中ではわずかだから問題はない」というフレーズが瀬戸内海の開発を推し進めてきたが、わずかな変化を無視して押し切った環境対策のツケが、こうして現れてきているといえるだろう。

神戸空港の海への弊害（二〇〇四）

兵庫県はノリ養殖の有力産地として知られてきたが、この春（二〇〇三年度生産期）には例年の三割ダウンという不作に陥った。過去二十年ほどにわたって、有明海を抱える佐賀県と生産量の日本一を争ってきたのだが、見る影もない惨状であった。二月から四月の生産盛期が栄養不足に見舞われ、有明海で有名になった「ノリの色落ち」が瀬戸内海でも広がったためだ。本来は黒々と深い色合いのあるノリが脱色したように茶色や金色になってしまう現象は、海水に溶けている栄養分の窒素やリンが不足したときに起こる。

兵庫県でも岡山県寄りの播磨灘中西部では、これまでもプランクトンの増殖による栄養不足が起こりやすく、三月には漁期を終えるのが普通だった。それに対して明石海峡から大阪湾にかけての海域は、栄養が豊富にあり、色落ち知らずであった。これは言うまでもなく、大阪湾への汚濁負荷量が大きく、河川など陸域から流入する栄養分と、その海底から溶出する栄養分がきわめて高い水準にあったためだ。

大阪湾はおおざっぱにいうと楕円形《だえんけい》をしていて、潮汐《ちょうせき》による潮の動きは結果的に時計回りに海水を動かしていた。このため、大阪湾の奥にある淀川、武庫川、大和川などからの流入と、大阪港や神戸港などの臨海工業地帯のもたらした、富栄養、というより過栄養の海水は、大阪府側を南下して紀伊水道に抜けるとともに、淡路島側から明石海峡へも栄養を補給していた。

また、こうした数週間という単位の動きとは別に、一九八〇年代には、数日以内の短期的な海水の動きとして、大阪湾北部の阪神間から神戸沖、須磨沖、明石海峡へと岸沿い数百メートルの幅で流れていくコーヒー色の赤潮があった。これは湾の中央部に形成される時計回りの流れの反流とも考えられるものだった。明石海峡の漁業者からは「苦潮《にがしお》」と呼ばれ、漁港内の生簀《いけす》に泳がしていた魚が死ぬなど、迷惑な潮として恐れられてもいた。「短期的」というのは、大雨が降り湾奥に河川水がどっと増えたとき、一気に西に流れ出る表層流ができるためだ。

明石海峡は、このような大阪湾の奥から東南側をへて淡路島側に供給される大きな海水の動きと、北岸沿いに直接やってくる海水の二つから栄養分を供給されてきた。そして、激しい潮流の場である海峡で、もとからあった播磨灘などの海水と混じり合って、ほどよい栄養環境を維持してきた。同じような栄養濃度でも、海水の動きの少ないところでは、赤潮の発生やヘドロの堆積《たいせき》が起こってしまうのだが、明石海峡のような潮の動きの激しいところでは、大気から十分な酸素が供給されるため、良好な環境が保たれ、明石ブランドのおいしい魚を獲ることができた。この地がノリ養殖でも一流の産地となったのも、海の栄養環境が安定していたからにほかならない。

しかし、その明石海峡でノリの色落ちが深刻になった。明石周辺でのノリ生産の記録を調べていくと、色落ち問題が話題に上るようになってきたのは、一九八〇年代の後半で、ちょうど神戸においてポートアイランドの二期工事が完成したころだった。ポートアイランドの一期埋め立ては、まだ地形的に和田岬の東にある北に入り込んだ入り江におさまっていて、大阪湾全体の流れにはさほど影響を与えなかった。しかし、二期の拡張では和田岬よりも南に張り出し、沿岸流を直接的に阻害する障害物になった。

そして今回は二〇〇一年からの神戸空港の埋め立て工事だ。ポートアイランドの南につくられた人工島は、単に北岸沿いの沿岸流を阻害するだけではなく、大阪湾全体の流れにも影響を与え、明石海峡に送りとどけられてきた栄養分を両方とも止めてしまったわけだ。ある意味では、栄養が止められ、西側の海がきれいになったともいえるのだが、豊かな海の幸までやせ細ったことを見逃すわけにはいかない。

問題は、明石海峡の貧栄養化ばかりではない。神戸空港によって湾奥にとどめられた栄養過剰な海水は、大阪湾の環境に大きな負担をかけることになった。「青潮」の発生である。赤潮は大阪湾では日常的に知られていたが、青潮というのはなじみがなかったはずだ。

赤潮はプランクトンの大増殖だが、青潮は海水の化学変化である。海底に酸素を失った海水がたまり、風の変化などで海面にわきあがったとき、その中に生じていた硫《りゅう》化《か》水《すい》素《そ》という成分が空気に触れて青白く発色する。酸素のない海水だから、中にいる魚や貝類は窒息してしまう。おそろしい現象である。

青潮は東京湾でよく起こっていた。東京湾は沿岸の開発において、海底の土砂を掘って埋め立てに使ってきた。そのため海底のあちこちに大きな穴があり、そこに動かない海水がたまっていた。そこへ有機汚濁が流れ込み、分解される過程で海水中の酸素を奪い、酸素のない水がたくわえられていた。秋の北風が吹くと、海面近い海水は南へ運ばれ、それを補うように穴の中にたまっていた酸素のない海水が岸辺へわきあがり、青潮となった。

大阪湾では、東京湾でやっていたような、海底に穴を掘る工事は少なかった。そのため、赤潮はあっても青潮の起こらない海だと、大阪湾の海洋研究者は認識してきた。しかし、そこで昨年と一昨年、青潮が起こった。水産研究者の間では、それ以前に大阪湾で青潮が起きた記憶はないという。

このように、神戸空港の埋め立ては、空港島の東側では過栄養化を深めて青潮を起こし、西側ではノリの色落ちに代表される栄養不足をもたらした。「代表される」というのは、その影響がノリだけにとどまらないからだ。三月のイカナゴの釜揚げでも「赤腹」と呼ばれるおいしいタイプが少なくなった。

餌のプランクトンの種類の変化も観察されている。また、名物の明石ダコも三月から四月に卵を持つものが多くなり、産卵時期が変わるのではないかと心配されている。

神戸空港は、その経済性においても問題があると指摘されているが、明石の魚という地元の名物を失ってまでして進めることなのだろうか。また、阪神間の海を青潮の「死の海」とし、市民の憩《いこ》いのなぎさを回復不可能に追い込むことまで望んでいるのだろうか。

環境省も遅まきながら、神戸市のアセスメント調査の不備を指摘しているが、大阪湾の海水流動を早《さっ》急《きゅう》に改善する方策を求めたい。

養殖ノリの種付け（二〇〇四）

ノリの生態はよく知られるようになってきたが、収穫対象になる葉状体のものは秋の終りから春までの姿で、春から秋口までは糸状体というカビの菌糸の形をしている。このノリの糸状体は、海底に転がる貝殻の石灰質の中にもぐりこむというから驚く。ノリの養殖場がある海岸で貝殻を拾って、すべすべした貝殻の内側に紫色や黒い斑点の付いたものがあれば、ノリ類の糸状体が生息しているものと思ってよいだろう。

不思議なところに生息するものだとあきれるが、よく考えてみると理にかなっている。貝殻は、貝が身を守るために海水中の炭酸カルシウムとたんぱく質を結びつけ、丈夫な殻として形成したものだ。貝が死んでからも、なかなか海水に溶けてしまうことはない。砂浜で貝殻拾いの楽しみができるのも、その丈夫さのおかげだ。しかし、プラスチックのようにいつまでも分解しないと、海のゴミとして環境問題にもなりかねない。

かき殻に潜入したノリの糸状体

ノリの糸状体は、その丈夫な貝殻を溶かしてトンネルをつくり、その中にもぐり込んでいくという芸当を見せる。糸状体にとっては丈夫で安全な家となるわけで、貝としても死んだあとの殻を使われるだけなら問題はない。貝殻の中に広くトンネルを張りめぐらせ、成熟の時を待つわけだ。

九月下旬から十月初旬の大潮のころ。この季節になると、夏の名残で温かかった海水も冷えはじめる。上が温かく下が冷たいという温度成層（海水が層をなして混ざらない状態）も崩れはじめ、下層の海水がよく湧き上がってくるようになる。この下層水には栄養が豊富に含まれているので、植物にとってはありがたい季節変化だ。

おまけに水温が下がりはじめると、温かいあいだに活発な活動をしていた動物たちもおとなしくなってくるので、その食害の程度も緩和される。そんな潮がよく動く季節、先の糸状体のなかで育ったノリの胞子が放出されて海に流れ出す。胞子は、海岸などの固い基盤に付着して、やがて冬の姿である葉状体へと成長していくわけだ。

胞子を放出した糸状体は枯れて、貝殻の中には網の目のようなトンネルの隙間だけが残る。丈夫だった貝殻がもろくなるわけだ。そして、波と潮に翻弄《ほんろう》されるうちに貝殻は砕け、やがて軽石のようになり、砂へと変身していく。この貝殻由来の砂は、明石では鹿の瀬に流れ寄り、強い潮が来れば海中に舞い上がり、穏やかになれば降り沈むというふるまいを見せ、そのつど海水中の汚れを捕まえてくれる。捕まえた汚れは微生物が分解してくれるから、貝殻砂の集まった浅瀬は付近の海水を浄化してくれるクリーンセンターの役割を担うことになる。

「風が吹けば桶屋《おけや》がもうかる」たとえのように、ノリの糸状体は使用済みの貝殻を住まいとし、やがて貝殻を解体する準備をして、物質循環に貢献している。生態系を構成する生物たちは、ほんとうに環境のすべてを無駄なく利用するものだと感心させられる。一方で、プラスチックなどは糸状体が住み着くこともないため、いつまでも環境の厄介モノとして残ってしまうわけだ。

話がそれたが、十月初旬にはノリの胞子が大量に出てくる。もちろん前の年にノリが繁茂した付近でのことだ。昔は、その生態的な仕組みがわからず、ノリの着生するところを「タネ場」と呼んで、そこで粗朶《そだ》ひびや網ひびに種付けをして、それを各所に配って養殖していた。

現在では、野生のノリ種に頼る必要はない。人工的に培養《ばいよう》された糸状体から胞子が得られるので、種付けは水槽で行なわれる。「人工的な培養」といったが、それでも試験管の中では胞子をつくってくれないので、やはり貝殻を用意して育てる。貝殻には養殖のカキやホタテガイの貝殻がよく用いられる。

中国ではハマグリの貝殻を利用しているところもあった。

九月中旬から十月初旬は、こうして培養された貝殻つきの糸状体がそれぞれの産地の種付け場に運ばれ、水温の降下を待って種付け作業に使われる。漁港の敷地などで、直径二メートルくらいの大きな水車に網を巻きつけて、ぐるぐる回しているのを見かけたら、ノリの種付け作業だと思えばいい。時間的には早朝の仕事となるので、午後には見られない季節の風物詩ともなっている。

同じ種付けでもユニークなのが、林崎漁協に残っている日本海採苗《さいびょう》だ。あるグループは日本海の天《あま》の橋立《はしだて》がある宮津湾に出かけていく。明石の海では潮の流れが速すぎて、他の海藻の種も混じりやすい。その点で宮津湾はプールのように穏やかで水もきれいだ。そこで貝殻つきの糸状体もノリ網も、一切の道具を明石から宮津に運び込んで、海面を利用して種付けをする。人工的に水温を管理するのではなく、自然の温度変化に任せる。胞子も自然の中で淘汰されるので、丈夫なタネが付くといわれている。数日がかりで種付けのできたノリ網は、冷凍車で明石に運ばれ、海に展開される。手間は大変だが、こうした創意工夫も兵庫県のノリ養殖を盛んにした一因と言えるだろう。

技術的に興味深いのが、タネの付き具合だ。胞子の大きさは一ミリの一〇〇分の一。ノリ網の糸は太さが二ミリ程度だが、その上一ミリの間に、何個の胞子を付けられるかが作業者の腕の見せどころだ。太い腕の漁師が顕微鏡を操作して、微小な胞子を数えていく。うまく種付けができると今期のノリ養殖がスタートする。色落ちが来ないことを願いながら……。

注意喚起という意味で補足しておくと、海藻類の繁殖にとって、この胞子の着生から生長の始まりというあたりは一番デリケートなところだ。この時期に障害に遭うと、そのシーズンのその場所での生育がご破算になってしまう。

日本の沿岸で一番の脅威はコンクリートだ。コンクリート、とくに打ちたての生コンクリートは強度のアルカリ性を帯びており、触れる水に大きな影響を与える。海藻の胞子が触れるとすぐに死んでしまうほどだ。また、自然の土壌ではあるが、粘土鉱物の一部にはマグネタイトという磁力をもつ微粒子を含むものがある。これが土木工事などで掘り返され水に溶け出すと、海藻の表面に付着して壊死《えし》をおこす。

自然の雨が降ったくらいではたいした害にならないが、河川や海岸で土木工事が行なわれた後には、しばしば大きな問題となる。私が観察してきた明石では、ノリの種付けを行なう前の段階（九月）から、ノリ芽が成長してある程度丈夫になる（二月）までの間、つまり半年間は、自治体の土木事務所にお願いして、河川や海岸の土木工事を休止してもらってきた。もちろんどうしてもやらなければならない洪水対策などもあるが、それも河川水に直接コンクリートアクや泥水が流れ出ないように、河川流路の変更などをあらかじめ用意して、海には決して出ないように配慮してもらっている。

磯焼けの藻場を抱えているところも、これくらいの配慮をしてみる必要があるのではないだろうか。

冷凍に耐えるノリの生態（二〇〇五）

寒さが身にしみる季節だが、明石海峡の漁村に冬ごもりはない。かつては、ここでも冬は出稼ぎの季節であったが、今日では漁港が夏以上に活気づき、漁船の出入りや加工場のあわただしさも盛漁期を思わせる。ノリの養殖が盛んになったおかげだ。

三八豪雪（一九六三年の大寒波）の折に、それまで依存していた明石ダコの資源が壊滅的打撃を受け、たこつぼ漁などに生計を頼っていた明石の漁師たちは多くが陸上の産業へと転業していった。そのころ現れたのがノリ養殖だった。

ここでノリといえば「浅草海苔」。日本海側の天然イワノリではない。東京湾で養殖が始まったが、干潟を利用しての栽培は三河湾や有明海にも広がり、時に「黒い札束」と称されるほどの高級水産物として知られていた。そういえばお中元やお歳暮の定番だったのは二十年ほど前までだろうか。冬の寒風が吹きぬける干潟に支柱を立て、ノリ網を張りめぐらす光景は、磯の香りとともに消費者の脳裏に焼きついていた。

しかし、明石海峡の付近にはそんなに発達した干潟はない。速い潮がとうとうと流れる明石の海でノリが育つのだろうか。あとから考えても不思議に思うのだが、それが成し遂げられたのだから大したものである。その成功の影には重要な技術開発があった。

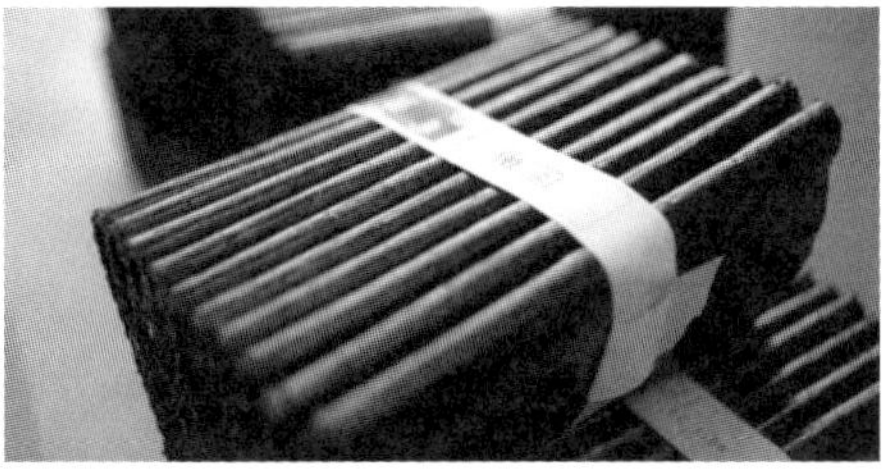
兵庫のり

ひとつは「浮き流し式養殖法」という干潟や支柱に頼らない養殖方法だ。海上にロープと浮きで四角い枠取りをし、それを錨綱で海底につなぎとめるという仕掛けで、海面にノリの畑を出現させるものだった。天然繊維ではなく、合成繊維の丈夫なロープが開発されたことと、発泡スチロール製の浮力の大きな浮きが手に入ったことも手伝って、水深一〇メートルから深いところでは四〇メートルという地形でも設置が可能になった。二ノットあまりという急流にも耐えられるという代物だ。

従来の「支柱式養殖法」では潮の干満でノリに栄養を与えていた。それに対して、浮き流し式では流れる潮によって栄養をとどける。栄養レベルさえ一定水準以上であれば、質のそろったノリを育てられるようになった。なによりも、浅い干潟という限られた空間ではなく、航路の邪魔にさえならなければ、かなり広い海面を養殖に使うことができる。この利点もあって、播磨灘や大阪湾でのノリ養殖漁場は他県に例を見ない広がりを見せた。

もう一つの技術開発は「ノリ網冷凍技術」だ。この技術が開発されるまでは、秋に種付けを行ない、それを育成し、お茶のように初摘み、二回摘みと数回収穫すればそれで漁期はおしまいだった。いわゆる一期作だ。それが、ノリ網を冷凍保存できるようになると、一期作目が終わったあと、冷凍庫から再びノリ網を出し、二期作目ができることになった。ノリの生産が十一月半ばから四月までにわたって可能となったのだ。一期作だとこの期間の半分くらいしか使えず、無理に延ばしたとしてもノリの株が古くなり、お茶でいうところの番茶クラス、商品価値の低いものになってしまった。それが二期作だと、二度目の新ノリを摘むことができるほか、四月いっぱいまで漁場を活用することができるようになった。

この漁期の拡大は生産日数の増加となり、干し海苔乾燥の工程にも変化を及ぼした。それまでは手作業の天日干《てんぴぼ》しが中心であったものが、稼働日数が増えたことにより、機械化がはかられるようになった。「全自動海苔乾燥機」という機械は一式で何千万円もするから、二カ月くらいの稼働率では採算が取れない。倍の四カ月使ってこそコストパフォーマンスがよくなるというものだ。

こうして、ノリ網の冷凍技術は明石海峡など潮流の速い浮き流し養殖漁場に普及し、広い漁場と長期間の生産、そして機械化による量産体制を整えて、一大産地へと変貌していった。

ただし、こうした効果は明石海峡周辺では発揮されたが、同じ瀬戸内海でも兵庫県の西部や岡山県、山口県、愛媛県など中西部ではさほど大きな革新をもたらさなかったようだ。それは、瀬戸内法の施行以来、瀬戸内海全体の水質汚濁が山を越し、三月にもなると栄養不足が生じるほどになったからだ。こうなると、生産期間が短くならざるをえず、機械化による大量生産体制が取りきれない。その点で明石海峡の潜在力が大きかったのだろう。

しかし、大阪湾での栄養環境の激変（二〇〇〇年ごろからの神戸沖空港島埋め立てによる大阪湾の流動構造の変化）のため、最大生産県である兵庫県の各漁場でも三月には栄養不足が生じはじめた。今後のノリ養殖の行く末には暗雲がただよっている。


ところで、ノリはなぜ冷凍されても生き残れるのだろうか。普通の多細胞生物は冷凍されると組織内部の水分が氷結し、それによって組織や生理作用の仕組みが破壊されて死んでしまう。いわゆる凍死だ。養殖に使われるノリというのは、日本海のイワノリと近縁種であり、自然界では潮間帯上部に生育する。潮間帯というのは、満潮のとき海中に沈み、干潮のとき水上に出てしまう場所のことだ。その潮間帯上部というのは、満潮の時には海水に浸《ひた》れるが、多くの時間は海水から離れ、乾燥した環境に置かれる。

ノリという栄養価の高い、しかも柔らかい海藻が、普通に海中に育っていたらどうなるだろうか。すぐに草食性の動物に食べられてしまうだろう。ワカメやコンブは海中に育つが、それらは動物に食べきれないくらい大きく育つし、普通の動物には消化しにくい成分をもっていたりして、自衛している。消化のよいノリが身を守るには、動物の来ない場所に生える必要があったのだ。

しかし、潮間帯は海水に浸《つ》かることはあるが、干上がることも多いため、乾燥に耐えなければならない。また、雨にでも当たれば海水以上に水浸《みずびた》しとなり、ふやけてしまう。そして、季節は冬だ。寒風が吹きぬけると凍るような温度にもなる。

そんな場所で生き抜くために、ノリは細胞膜を鍛え、水分の出し入れを上手にして、乾燥や凍結に耐える体づくりをして進化してきた。そのため冷凍庫に放り込まれマイナス20℃以下に置かれても、細胞内の水分を減らすことによって氷の結晶を小さくし、細胞の破壊を免れているのだ。

ノリ網の冷凍技術は、こうしたノリの生理をよく知った上で使う必要がある。海で育ててきたノリ網を、いきなり冷凍庫に入れたのでは、水分調節が間に合わないので、細胞が破壊されて死んでしまう。海から引きあげた上で、しばらく物干しにつるして水分を切り、ノリの表面が乾いてきてから冷凍にする必要がある。この物干しにつるすときに温度が高すぎるとノリの細胞がだれてダメになることもある。また、冷凍温度までじわじわ冷えるようでは、やはり氷の結晶が大きくなりやすいので、できるだけ急速に凍結することが必要であるなど、冷凍網をつくるときには、とくに神経を使わなければならない。

凍結前に水分を取ってやろうと、おがくずなどをまぶす方法も検討されたが、後でノリ網を海に出したときに海洋汚染になるので取りやめになった。

こういう試行錯誤の苦労話もたくさんある。

第七章　人と自然

漁業系漂着ゴミ　（二〇〇二）

海辺を歩くといつも打ち上げられたゴミと出合う。海藻や流木などはいいとしても、プラスチックやビニール袋、生ゴミの類にはうんざりする。それにもまして困ったものだと思うのが漁業系漂着ゴミだ。ロープの切れ端や発泡スチロールの浮き玉、漁網の切れ端など、漁業資材の一部が大きな割合を占めている。以前は、ガラスの浮き玉など装飾品に欲しいと求められるものも多かったが、最近はゴミでしかないものばかりが目立ち、しかも腐らないからいつまでも迷惑をかける。

海は漁業生産の基盤であり、その豊かさと美しさが産物である魚の価値を高めている。しかし、その基盤を漁業自身も汚しているという現実を、どのように見たらよいのだろうか。

海をわがものと思い勝手気ままに付き合っているのだろうか。あるいは海は誰のものでもないという無責任さが、ゴミを捨てさせているのだろうか。あるいは海の広さ、大きさに甘えて少々のことなら問題がないだろうと高をくくっているのだろうか。いずれにしても海に漁業資材の一部が捨てられ、それが海の面汚《つらよご》しになっている。

同じ瀬戸内海でも、漂着ゴミがうずたかく打ち上げられる悲惨な場所もあれば、ほとんど打ち上がっていないきれいな場所もある。潮路《しおじ》と風のいたずらだ。明石などは漁業も活発だし、周囲の人口も多い。ゴミの出る背景は多いのだが、案外ゴミの打ち上げは少ない。海岸に遊びにきた行楽客による持ちこみゴミのほうがかえって多いくらいだ。これもバーベキューや弁当の残骸や花火の跡の不始末、そしてもっとも多いタバコのフィルターなど、目をおおうものがある。

　明石の向かいの淡路島では、北に面した海岸や湾の入口にたくさんの漂着ゴミが打ち上げられている。大阪湾の入口にある友が島の北岸など、冬の季節風シーズンには海岸が発泡スチロールのかけらやビニール袋で覆いつくされ、高い木の上にまでゴミがかかっているほどだ。大阪湾を時計まわりにめぐる潮の流れに乗って、大阪のゴミが運ばれてきては波と風で浜に打ち上げられている。

　友が島のすぐ近くにある淡路島の由良地区の海岸では、住民による海岸清掃がくりかえし行なわれている。自分たちが出したのでもない、よそから来たゴミの世話をなぜしなければならないのかと、いぶかりながらも熱心に続けられている。回収されたゴミを見ると「大阪市何区」と住所を記したものもあり、ゴミによるつながりが如実《にょじつ》に表れている。

　「ビーチクリーンアップ」というNGOの活動がある。海岸の一斉清掃活動などと異なるのは、ボランティアによる清掃奉仕活動にとどまらないことだ。彼らは特定の海岸に目をつけ、そこをくりかえし調査する場所と定め、海岸のゴミ拾いをくりかえす。そして回収したゴミの分類を始める。ねらいは人工物によるゴミ汚染の実態を知ることと、その発生源に対して対策を求めていくことだ。

　自然物である流木や海藻などは対象にはしない。プラスチック、ビニール、ポリ袋、ロープ類、空き缶、タバコのフィルターや弁当などの容器、その他の生活ゴミ、ボールなどの遊具、衣類や布団、果ては自転車やバイク、テレビやタンスまである。そういえば二〇〇一年に見た映画「千と千尋の神隠し」

で八百万《やおよろず》の神様たちがお風呂で吐き出したものが全部あると想えばわかりやすい。

これに加えて産業系のゴミがある。農業の方からは玉ネギ袋、パーチ用ビニール、肥料の袋や農薬の容器、出荷されなかった野菜くずなどがシーズンごとにあらわれる。工業の方からはプラスチックの原料といわれるレジンペレットや梱包資材などがあがる。そして漁業の方からは漁業活動に用いた資材の破片や使用後に投棄した多種多様なものが、使われていたときの姿を連想させるように、頑丈にくくられたまま流れ着いている。

これらの記録をとり、場所と季節ごとに数を数えて組成を求め、主だったゴミの出所を調べて対策を考えるグループだ。単なるゴミ回収の活動だと「ご苦労様でしたね、マナーを守るよう啓蒙しましょう」ということで終わってしまうのだが、こうした調査結果を見せられると、それぞれの発生源としてはお尻が落ち着かなくなる。

環境問題に人々が無関心だったころは、知ったことではないと居直るところも多かったようだが、最近ではそういうわけには行かない。企業にとってはそれぞれの現場で対応策を考えないと社会的な評価に響き、それが発展すれば銀行の貸し渋りの材料にさえ使われかねない。

さて問題の漁業系漂着ゴミだが、漁業者サイドもようやく重い腰を上げはじめた。使い終えた漁業資材は海上で放り出せば見えなくなるから、手っ取りばやいと横着をかましていたかもしれないが、それが底引き網に入ったり、養殖施設に絡まって損害が生じるなど、自分の吐いたつばで顔が汚れるようになった面もある。かさばるロープや発泡スチロールなどは冬の寒さを防ぐ焚き火のたきつけに使われてもいた。しかし黒煙があがり、ダイオキシンも発生するから焼いて済ませることもできなくなった。

　結局は費用を出して、産業廃棄物として処理しないといけないと、段階をおって対策を進めてきた。かさばる発泡スチロールは漁業資材としてはトロ箱や浮きに使われているが、軽くて安くて便利なので大量に使われ、大量にゴミとなって漁業者の頭を悩ませていた。しかし、これも溶解して再利用するリサイクルの手法が開発されてきた。

使用済みの浮きやロープ類の山

　使い終えた浮きを持ちかえり、ロープ類を取り外して素材だけにして回収を待つわけだ。

　こうした後始末には無頓着だった漁師たちも、結果的に海のためになると理解しはじめると、笑顔で作業をするようになった。この心がけが獲ってきた魚の品質管理にも反映すれば、手間だといって愚痴をこぼすより、よほど前向きだといえる。

　あとは海底に沈んでいるゴミだ。これにも目を配り、大切な海の神様たちを弱らせない付き合い方を考えたい。

ビオトープって新技術？（二〇〇二）

　最近、コンクリートで固め過ぎた国土の荒廃を反省し、いくらかでも自然の存在を身近なものにしようと「ビオトープ」という自然のミニチュアづくりが流行している。小学校の校庭の一隅にある築山《つきやま》などに、池と植栽を施して、目玉としてトンボやカエル、ホタルのいずれかでも定着してくれれば、と計画される。

それまでの築山では、池は単に水のたまったところで、金魚かカメを入れておけば絵になるとされていた。植栽は園芸業者によって見栄えのする木や草が植えられるが、植木鉢にあるのと同じものが地植えされるだけで、周囲の土壌や草木との生態的な関連性は顧《かえり》みられなかった。予定外の草が生えてくれば雑草として処分される。手入れをしないことには維持できないものだった。これでは緑色はあるが、あくまで人工的に配したものにすぎず、その土地に生きる自然を反映するものではなかった。ひどい例では土地柄も考えずにヤシの木を植えていたところもあって、失笑を買っていた。

ビオトープの意味は、広辞苑によれば「野生の動植物が高密度に生存している空間」あるいは「都市の中に、まとまった自然を残したり復元したりすること」とされている。小学校での取組みの例などは、後者の定義によるものだろう。

身のまわりがすっかり人工的な造形物に取り囲まれた生活では、ヒトが生態系の一員であるという自覚すらなくしてしまいそうだ。子供たちの自然観の形成にも、こうしたビオトープは効果があるものと期待されている。しかし、身近な自然は、拡大してきた都市の中で生きる現代人には、どんな意識で迎えられるだろうか。

自然が戻ってくると、水たまりができて蚊が発生する。蚊がいるからカエルやトンボが居つく。そしてヘビも寄ってくることだろう。すると、過度の清潔意識とでもいおうか、蚊もヘビも嫌いという人から苦情が出る。セミの鳴き声、カエルの歌声も騒音だと訴える人もいる。子供たちの勉強のため、楽しみのためと説明しても、なかなか理解されないこともあるようだ。

一方、このようなビオトープで自然観察の機会ができれば、自然教育はこれで十分だと得心してしまう教育関係者もいる。必要であるということと、十分であることとの差は大きい。まわりの不自然さを考えると、ビオトープの小さな生態系の中には収まりきらない、スケールの大きな生きものたちには持続的に利用できない環境である。飛んでくる鳥や虫たちなら、自然と自然のあいだに多少の隔《へだ》たりがあっても大丈夫かもしれないが、地を這う生きものたちにとっては大きな自然との接点はないに等しい。これでは、システムの持続性は心もとない。

小さなビオトープであっても、さほど遠くないところに次のビオトープがあり、それらが点から線へとつながって都市の外部にある自然とのつながりができるような、いわゆる「緑の回廊《かいろう》」が必要ではないだろうか。都市の中にグリーンベルトがあれば、かなり多くの種類の生きものが移動交流することができる。それが生態系の多様性を育み、より持続的な自然を身近に引き寄せることになるのではないだろうか。

こうした自然の存在が生活にうるおいを与えることを、地域住民のかなりの割合に認識してもらうためにも、ある程度大きな規模でつくりあげるほうがよいと思われる。そうすれば、先の虫嫌いにも理解してもらえる道筋ができるのではないだろうか。

さて、写真に写った場所は私有地の中の放置された水路だ。もともとは川とつながっていたが、道路ができたために水路としては閉ざされ、水たまりになっている。公共の場だったらゴミが捨てられ、汚水が流入して悪臭を発するドブになるところ。苦情が出れば埋め立てられるか、コンクリートで固められただろう場所だ。だが、幸か不幸か私有地内ということで放置されたままになっていた。

土手から水辺にかけて野草が茂り、水中には水草

自然がつくったビオトープ

が繁茂《はんも》する。カワムツとみられる小魚やカワニナなどの巻貝にアメンボなどの昆虫、ヘビやカエルも棲んでいる。時おりイタチの姿も見られるという。雨の後など、となりの川は茶色くにごっているが、ここだけは別世界のように澄んでいる。

水を採って分析してみると、窒素やリンなど栄養塩類もそこそこあるが、うまくバランスがとれているのだろうか、アオコ（淡水赤潮）がでる気配もない。昔の「春の小川」というのは、こんな雰囲気だったのだろうかと、心なごませてくれる場所だ。

これも野生の動植物が高密度に生存しているところだから、ビオトープに違いないが、この場所は遊休地として評価さえされないだろう。なんらかの開発計画がでてくれば、あっという間に失われてしまう恐れがある。絶滅危惧種がいるかどうかもはっき

りせず、どこにでもありそうで、取り立てて特長がないと「大事な自然」と呼んでもらえない。箱庭のようなビオトープが評価される一方で、こうしたあたり前の自然が人々の関心から遠ざかっていく。

瀬戸内海の漁業と付き合っていると、漁業資源の困窮を実感することが多い。人工的な水路から海へと吐き出される水には、生きものと触れてきた記憶がない。殺菌された無生物の水さえある。それに対して、写真のような場所から流れてくる水には生きものの精気がみなぎっている。分析化学的にどんな物質が含まれているかはともかく、さまざまな生きもののからだを通過して、微生物や土壌を含んだ水として出てくるからだろう。

「海の出発点」ともいえる、沿岸域の陸水の流入するところは、ちゃちな箱庭的対応では追いつかないスケールの自然の回復を待ち望んでいる。あたりまえの環境を大切にし、そこに生きる生物たちとの共存関係を、海の資源のスケールにあわせて再生させていくことは、考え方さえ改めれば決してできないことではないと思う。

海の砂まわり事情　（二〇〇三）

落ち葉の季節、赤や黄色、茶色の木の葉がハラハラと舞い秋が深まってくる。住宅や商店の前では毎朝の落ち葉掃除が欠かせない行事になってきた。

それを集めて焚き火を仕立てて焼きイモをつくる「落ち葉炊き」という風物詩も、ダイオキシン騒動以来の野焼き禁止（二〇〇一）で肩身が狭くなり、あまり見かけなくなった。有効な燃料がゴミとしてやっかいものにされていることに切なさを感じる。

風に吹きとばされ、川に落ちた木の葉は、流れ流れて海に出る。サクラ並木が自慢の河川敷《かせんじき》など、今の季節は落ち葉がいっせいに出る。そんな川の河口には腐りかけた落ち葉が堆積して、汚らしくいつまでも残ることから、苦情の対象になっているところもある。

海に流れ出た落ち葉もしばらくは漂い、やがて海岸に打ち寄せられる。しかし、翌朝見に行くと、きれいになくなっていることが多い。再び波にさらわれて流れ去るものもあるだろうが、波打ち際で消化されているものもあるようだ。なにも、海岸の砂が落ち葉を分解してしまうわけではない。夜になると這《は》い出てくるカニやトビムシなどの海岸動物たちが食べてくれているのだ。

そういえば東南アジアにマングローブ林の調査に行ったとき、観察用につくられた木製の桟橋《さんばし》の上には落ち葉がたくさん残っていたが、マングローブの生えている泥地の上には木の葉一枚も残ってはいなかった。夜に懐中電灯をもって見に行くと、無数のカニが這い出てきて、むしゃむしゃと落ち葉を食べあさっていて、夜明けにはきれいになくなっていた。

また、魚の骨格標本がつくりたくて悩んでいたとき、先輩から「砂浜に埋めておけばいい」と教えられ、実行してみると丸ごとの魚が一晩で見事に白骨になっていた。砂浜の生きものたちが食べてくれたのだ。水中に網に入れて吊るしておいたものも同様だ。ウミホタルという動物プランクトンが身だけをきれいさっぱりと食べてくれる。

では、河口にたまる落ち葉はなぜいつまでも残るのだろうか。砂浜や干潟にカニやヤドカリがいなくなっているのではないだろうか。そんな問題の起こっている現場で聞いてみると「そういえばフナムシも見かけなくなった」という。フナムシさえいない海岸とは、いったいどうなっているのだろうか。

海岸のお掃除係の生きものたちを調べていくと、小さなムシ類やハマダンゴムシなどがよく出てくる。海中だとゴカイなど、陸でいうとミミズの役割をするものもいるが、海岸の砂の上で活動するのは虫たちだ。彼らは打ち寄せられた海藻や木屑《きくず》の陰に入りこんで、懸命に食べている。とくに活躍するのは夜のようだ。昼間の日差しの強いときには砂浜の上は暑くなりすぎて活動には適さない。そんな時には海岸近くの草むらに避難しているのだ。夜涼しくなり、天敵の鳥たちの目が見えなくなるころに波打ち際に出てきてお掃除をはじめている。

そういえば、虫たちのいない海岸、言い換えれば落ち葉の消えない海岸には、草むらがない。ハマゴウやハマヒルガオなどの海岸植物は潮風を受けながらも浜に根を張り、砂地に日陰をつくってくれる。人工的に整備される海岸や河口は、コンクリートの障壁が立ちはだかって波打ち際と陸域を隔てている。

人工的に砂浜をつくっているところは、海水浴やビーチバレーなどの人間活動の用途しか考えていないから、草を生やしては困るとばかりに砂しか入れていない。これではハマトビムシたちは無事には暮らせないから、お掃除係が不在になるわけだ。

海の中もヘドロがたまって貧酸素水が湧き上がってくるようなところでは、カニたちが満足な一生を送れない。物質循環を支える生きものたちの再生産が断ち切られた環境では、なによりもこうしたお掃除係の生きものたちがいなくなり、環境悪化に拍車がかかっていくようだ。

海岸を再生しようとする試みがあちこちで始まっている。しかし、地元住民に希望を聞いても「白砂青松」や「泳げる水質」、「マリンスポーツの場」など、人間の都合だけを考えた答えが出てくる。それで「環境創造」だといって改善に努めても、思うような結果にはつながらないケースが多い。人間の思い上がりなのだろう。

人間もこうした生きものたちも一緒になって海辺の環境を再生させるように働き、人間にも、生きものたちにも好ましい環境をつくる、という考え方が必要なのだろう。自然の力を信じて、生きものたちの生きるスピードに配慮した関わり方が求められるのだろう。

海中に目を転じてみよう。瀬戸内海では、もはや容易に採れる海砂がなくなってしまい、採取ベースも落ちてきた。規制より現実が先を行っている。かつては、陸に近いところに岩場の磯があり、その下には砂がたまり、砂地をしばらく深みにたどると泥場に至る、という地形が多かった。大シケで海が荒れたとき、深みの泥も舞いあがるが、それが覆いかぶさるのは砂地までで、岩場にまで泥がかかることは少なかった。

海砂がどんどん採取され砂がなくなると、岩場のすぐ下に泥場が迫ることになる。そこがシケにあうと、舞いあがる泥が何度も岩場を襲うことになる。岩場は波打ち際《ぎわ》にあって泡立つ海面からの酸素の供給が多く、潮の通りも良いので、良好な環境に適応した生きものが生息している。

たとえばマダコがそこに住む。マダコはきれい好きで泥をきらう。巣穴に泥がかぶるとあわてて逃げ出してしまう。産卵期間であっても同じように逃げるのだから、産みつけられた卵塊（海藤花《かいとうげ》）を世話するものがいなくなり、卵も死んでしまう。マダコの餌になるカニや小魚も居心地が悪くなると減り、マダコは泥場の貝を食べざるを得なくなる。

こうした変化の結果だろうか、砂場の残っている明石海峡と、砂場が少なくなってしまった備讃瀬戸では、マダコの孵化《ふか》率が大きく違ってきており、いわゆる下津井ダコの行く末が心配されている。

人間的な感覚でいえば、海の砂地も、砂漠や砂丘と同じ「不毛の地」のようにしか思えないかもしれない。しかし、海の砂まわりは、じつは生態的に大きな意味をもっているということを再認識する必要があるだろう。

しまなみの磯から　（二〇〇六）

この春から瀬戸内海の「しまなみ海道」に近い離れ島で、自給自足の暮らしを始めた知人がいる。陣中見舞いに訪れたその島は、かつては定住者もいて、それなりに利用されていたが、時代の流れとともに人が去り、耕作地はあるものの無人島になっていた。そこへ勤め人暮らしから脱皮して、入植者として住み着くという五十歳を過ぎた男だ。もちろん理解ある奥さんが、引き止めるどころか尻を叩いたのではないかと憶測《おくそく》している。

今日の農業や漁業のありさまを考えると、ほどなく日本では食料に困るときが来る。その時のために自然と結びついた生き方のノウハウを示しておくことが大切だ。そんな想いをもって生きている人々が各地に出てきたことも刺激になったのだろう。彼の生き方は周囲の島人たちからは奇異に見えるようだが、やがては先駆者として生き残りの道を示すことになるかもしれない。

まもなく稲刈りができそうな水田があり、黒毛和牛は繁殖用に数頭、地鶏も数十羽飼って、あとは野菜を手入れすればやって行けそうだと言う。まわりの海にも目を光らせている。これまで島々の漁業を弱らせてきた海砂の採取船が去ったことが一番の朗報で、アマモ場も増え、絶滅したのかと思っていたセトガイ（イガイ）も少し見られるようになってきたと喜んでいる。たまに客が来たときに、もぐってタコやサザエを提供できるのも楽しみという。

もちろん現代に生きるわけだから、それなりの情報機器や家電製品などを備えるために、現金収入も要る。牛や鶏がその代償になるのだろう。

そんな自給自足の地にお邪魔するのだから、こちらも観光気分ではいられない。せめて自分の食べるものくらいは調達したいと思い、得意の潜水術を繰り出そうと水中眼鏡とシュノーケルをつけて臨んだのだが、とにかく瀬戸内海は潮が速い。昨夜、星空がきれいだったので流れ星探しに夢中になっていたが、星空がきれいな時というのは夜空が暗く、月は新月に近い。つまり大潮だ。夜空見物の時にそれに気づいておれば、潮見表を使ってもぐるべき時間を探しておいたのだが、やはりよそ者の浮かれ気分で準備不足はあった。

とにかく磯に出てサザエやタコのいそうなところを求めて泳ぎはじめたが、あっという間に岸の景色が変わるほどの急流。とても目標の岩礁にはたどりつけない。本流の強い流れは時に反流域をつくる。

潮の目を凝視《ぎょうし》して、沖に流されない流れをつかまえて、とにかく安全な岩場に潜水をくりかえした。潮が速いと濁りも多い。綿ぼこりのようなモヤモヤがただよう岩場を手探りで進む。しかし、これでは獲物を手に入れるどころではない。

しばらくチャレンジしてこの方法をあきらめ、冷静に観察することにした。干満の差は三メートルほどと聞いている。岸辺の満潮線から見ると、ほぼ干潮に近いくらい潮が引いている状況だ。昼間だが、これなら深くもぐらなくても海面から手が届くくらいのところにサザエはありそうだ。アラメなどの海藻が日陰をつくっているところなら、きっと隠れているサザエもいるはずだと、目星をつけて探り出した。その結果、ようやく日がかげるころには三個のこぶし大のサザエを得ることができた。

ちなみにこの海岸は入植者も漁業権をもっている場所で、その了解のもとに獲らせていただいたものだ。しかし、これだけではおかずにも足りない。磯を歩きながらの帰り道、ふと岩陰に小さな巻貝が散在しているのを見つけた。「ニナ」とひとくくりに呼ばれるが、クボガイやウラウズガイ、イボニシなどの親指の先ほどの巻貝だ。

タマキビというもうひとまわり小さな巻貝は、磯の波がかかる上部にたくさんいるが、これは小さすぎて食べる対象にはならない。「ニナ」だとほじくる面倒臭さはあるが、数を集めれば立派なあてになるし、だしも出るので野菜煮こみの鍋材料にもなる。しかし、瀬戸内海のことだから前の時代を考えて、あまり大量に食べるのは控えることにし、数十個で満足することにした。

というのは、瀬戸内海のまわりでは、かつて大量の農薬が使われ、その脂溶性の農薬が海面の油膜に吸着して、海面が一大農薬汚染場になっていた時代があったからだ。そのころはムラサキイガイという岸壁に群生する二枚貝などは食用に採取してはいけないといわれていた。同様に、磯の岩の上に生えた藻をなめるように食べている「ニナ」にも農薬がたくさん含まれている心配もあった。

また、一九九〇年代には環境ホルモンが問題になった。イボニシのメスがオス化してペニスをもってしまい、うまく繁殖できなくなって、イボニシ自体が激減したころもあった。犯人の環境ホルモンとして有害性が指摘されたのは有機スズ系の船底塗料だったが、いまやそれもなくなり、海砂の採取など、多様な環境悪化の要因が遠のいて、少しずつではあるが昔の磯の生きものたちの姿が戻ってきているように見える。

しかし、人間は利用できるとなるととことん行ってしまうようで、その島の別の海岸を歩いてみると、ニナの類《たぐい》がほとんど見当たらないところもあった。岩場や藻場の配置からすると当然サザエがいてもよさそうなところなのに、まったく見当たらなくなっている。人間の関与がうかがえるのだが、磯の生態系は複雑だ。草食性のサザエやクボガイなどは海藻や岩肌の珪藻を食べて育つ。それに対してイボニシやヒトデはそんな草食性の貝を襲って食べる肉食性だ。植物と草食動物、肉食動物などのバランスが持続的な海の幸を提供してくれることを考えると、好みのものだけ片寄った利用をしがちな人間のわがままも大きな環境破壊の原因といえるだろう。

こんないわくつきの瀬戸内海の磯だから、貝があるからと喜んで食っていてよいのだろうかと疑問をもったわけだ。

とはいえ食糧自給のためには食べられるものは食べてみる必要もあろうと、少し控えめに試してみることにした。塩ゆでが定番だが、酒を振って炒り煮にしてみた。塩気は貝の中にあるので、貝殻についた珪藻などの藻の香りを生かしたかったのである。潮の香りをかぎながら、爪楊枝《つまようじ》や裁縫用の待ち針を使って身をほじくり出し、地酒とともに口に含む。なつかしい香りとほろ苦い舌触りが、島暮らしの喜びと苦しさを教えてくれるようだった。入植者はそんな客のわがままに応えてくれた。飼育動物ばかりでなく、畑を荒らすタヌキやカラスの相手もしながら、自適の道をたしかなものにしはじめているようだった。

まわりの海でも一時は絶滅したかと思われたセトガイ（イガイ）やイワガキが復活してきており、テングサやイギスなど寒天材料も増えてきているようだ。付き合い方を工夫すればまだまだ生かしていける海でもあるなと感じさせられた。放置されたミカン畑に試みで植えられたレモンの青い実をしぼり、磯の恵みに味を添える楽しみも期待したいものだ。

島を削る採石と漁場　（二〇〇三）

播磨灘の西寄りに家島群島がある。その中の男鹿島の姿にはショックを受ける。島の半分が饅頭《まんじゅう》を半分に切ったように切り取られているのだ。近づいてみると採石場となっていて、いまなお石が切り出されている。地図でみると、等高線が不自然に重な

家島群島の遠景

っており、ほぼ垂直に削られたことがわかる。

瀬戸内海には多くの採石場がある。有名な秀吉の太閤《たいこう》普請《ぶしん》で大阪城を築くために多くの石材が運ばれて以来、幾多の公共事業に石材を供給してきた。加工しやすい岩の性質や海上運搬の便が支えとなって、世界遺産の姫路城など、瀬戸内海の景観形成に貢献してきた。

しかし、あの山の姿はないだろう。しかも、国立公園に接して行なわれる開発とは信じがたい。しかし、日本の縦割り行政が、現場を見ない霞ヶ関で威をふるっているあいだは、地図上でのなわばり争いの結果がこのような現実をつくることは残念ながら避けられないのだろう。

「森は海の恋人」という言葉が世間に知れわたった近年だが、山ごと木々を奪われたこの島まわりの海は、漁場としてどうなっているのか気になるところだ。皮肉なことに、兵庫県の家島群島周辺では、この石材採取現場のあたりの漁場条件は周囲に比べてまだましといわれる。山も木も奪われた漁場が良いはずはないと自然保護運動家などは指摘するが、実際は磯魚も回遊魚もやってきて比較的ましなのである。

瀬戸内海でも場所によって漁場環境はさまざまだ。明石海峡や来島《くるしま》海峡のように潮流が激しく流れ、岩礁性の岩場が発達しているところもあるし、この播磨灘や燧《ひうち》灘のように穏やかに水をたたえているところもある。穏やかな海の底には泥がたまっている。

この家島群島のまわりも泥の海底が広がっている。泥の海底といっても、アナゴやシタビラメ、エビ、カニ、シャコ、貝類などそれなりに海の幸は存在する。しかし、明石などの岩礁性の漁場にくらべると、種類の多様性や生産力の点で見劣りがする。海の富栄養化によって生じる貧酸素水塊に襲われることもしばしばだ。

泥がずっと広がっている海底というのは、のっぺりした一枚のシートのようになっている。微生物は、海の生物活動において重要な、生産や分解という役割をになっているが、その生存量は、その場の表面積に応じて決まってくる。凹凸のない平らな海底は、その地図上の面積だけが表面積になる。一方、石ころでデコボコしたところは、その石のまわりで露出した部分がすべて表面積となるので、地図上の面積の何倍もの表面積をもつわけだ。だから、海底に石がゴロゴロした状態の海というのは、泥だけの海よりも微生物の生息量が多くなり、生物活動が活発になる可能性も高い。

海底の水の流れを観察していても、平らな泥の海底では水はすべるように流れていくだけで変化に乏しいものだ。しかし、そこに石などの出っ張りがあると、水の流れが乱されて渦ができ、泥が舞いあがったりする。泥には多くの場合、栄養分が含まれているので、それが海水中に舞いあがれば、プランクトンや魚たちに餌を供給することになる。

そんな海底のカラクリがあるから、家島群島の周辺で案外と漁場として価値のあるところが見いだせるわけだ。

言い換えると、島から切り出された石が、そのまますべて他所《よそ》へ運び出されているわけではなく、形を損じた石材やくず石はその周囲に捨てられているのだ。産業廃棄物の不法投棄とも解釈できるし、見方を変えると魚礁《ぎょしょう》づくりの投石活動ともみることができる。この文では、後者の点を指摘している。

悪化した漁場環境を改善しようと、最近になってさまざまな取組みが進められるようになってきている。埋立てや水質悪化のために失われた藻場を再生しようとする取組みや、ヘドロと化した海底の底質改善のためにカキ殻や砂を投入する取組み、新しく干潟をつくろうという試みなどもみられる。しかし、漁場というものは箱庭をつくるように一朝一夕にできるものではない。海の中のことゆえに人間の浅知恵をあざ笑うかのような事態も生じる。

長年にわたって魚礁を設置しつづけてきた水産庁は、その効果なり結末をご存じなのだろうか。いくつかの魚礁跡では、費用をかけて設置された構造物が泥に埋まり、漁網に巻きつかれて海の墓場と化している。その点では、この家島の周囲の事情などはケガの功名とも言えるのではないだろうか。

もちろん、こうした漁場評価には異論もあるだろう。泥ののっぺりした海底を想定して行なわれるエビ漕ぎ網漁などでは捨てられた石がじゃまをして網がひけなくなったり、網にはいりこんで破けたりする。その意味では漁場価値が損なわれたという指摘もあるだろう。しかし、その一方で、岩礁性の磯魚が増えて釣り人には喜ばれる面も出てきている。

ひとつの海をさまざまに利用している漁業のことだから、利害関係は複雑で、ひとことでは善悪を決められない。しかし、全体として魚の生息量が増え、商品価値の高い魚の割合が増し、赤潮や貧酸素水塊の影響が少なくなるなどの傾向が見えれば、良い方向と言えるだろう。

ただし、現在の漁業は許可制で、漁業者の使える漁具には規制がかけられている。エビ漕ぎ網の許可をもっていても、岩礁性の漁場に有効な刺し網などの許可をもっていなければ、先の漁場改善もその漁業者個人には還元されない。いや、失業の憂《う》き目を見ることもあるだろう。そうしてみると、自然環境の側からの漁場改善と並行して、漁業の許可制度自身の改善も必要になってくる。

先に触れたさまざまな漁場改善策を見るにつけ、こうした漁業全体を見渡した施策になっていないことが、縦割り行政の弊害の一つだろう。立派な漁場が、コンサルタントの立案と、貴重な税金の投入で成し遂げられても、それを利用できる漁業者がいないようでは無駄としか言いようがない。

海の中は見えない世界だ。しかし、それを見とおす水産施策と環境施策がいま求められている。

魚礁の功罪　（二〇〇八）

瀬戸内の島並みを小船でぬって行く。「老人と海」を引き写したような漁師の釣り船に乗せてもらい、彼の自慢の磯に向かう。手釣り一筋の彼は出荷用というより、島で祝い事のあるときに「こんな魚で祝いたい」と思うような魚を釣ってくるという。普段は五目釣りで自家用のおかずにしているだけだ。明後日に親戚の祝い事があるそうで、とっておきの漁場に向かう。

船室もない小船の上には、レーダーや魚群探知機、

GPSなどの近代装備は何もない。唯一目についたのは霧に巻かれたときに水深を測る錘《おもり》付きの間縄《けんなわ》だった。その縄は、彼の頭の中にある海図と現場をすり合わせる確認のための道具で、多くの場合には使うこともないという。

そんな経験豊富な彼は、漁場に向かうときに漬物石くらいの石を二つ三つ積んでいた。漁場は※山立てで、潮時は月の満ち欠けの記憶で割り出し、なんの目印もない海上に舟を走らせた。小船を潮に任せて流しながら、一定の場所で仕掛けをおろす。二、三分あたりを探ったかと思うと、また船を元の位置に戻して潮に流す。三回目に彼は四〇センチのマダイを釣り上げていた。そして、その場に積んできた

※山立て……遠方の山と手前の地形を重ねた直線を複数組み合わせ、三角測量のようにして位置を割り出す方法。

石を投げこんで帰路についた。

彼はこのように出漁のたびに石を投入しては自分の磯を育ててきたのだという。どのくらい前からかと聞くと、親父の代からやっているから四十年か五十年になるのかなとつぶやく。どうしてその場所に磯をこしらえようとしたのかを問うと、ここは両側に天然の障害物があって、底引き網が通れない場所なんだと教えてくれた。それまで漁師仲間と使ってきた磯の多くは、底引き網に当てられ、こすられ、網をまといつかされて魚が寄りつかなくなってきていたという。

また、GPSをそなえたレジャー釣り船が既存の魚礁の上に碇《いかり》を下ろして釣りまくるのも困ったもので、漁業者の働き場所がなくなってきていると話してくれた。だから、内緒の場所に磯をこしらえて、

短時間で獲物を得たらさっさと引き上げるのが上策だと笑っていた。欲張って粘っていたり、もたもたして他人に場所を見つけられたりしたら、何十年の苦労が水の泡だという。

後日、魚群探知機をそなえた漁船でその場所を探ったところ、水深数十メートルの海底に高さ一メートルあまりの磯が築かれていた。海域の広さからいって、まさに針の先の一点のような磯を営々と築いてきた親子の執念と技量には驚かされるものがある。

さて、多くの海域で公共事業として行なわれている魚礁造成のほうはどうだろうか。公費助成があるのだから「なんでもあり」というわけには行かず、いろいろと規制や基準がある。各地の漁村で話を聞くと、漁師たちは天然石の石積みの魚礁を欲しがるのだが、あまり認められない。石だとばらけてしまい、魚礁ができたという確証が得られないだとか、埋まってしまうなど、いろいろ難癖がつけられる。

その結果、補助金が出る魚礁はコンクリート製のものや鋼製のものが大半を占める。これは素人ではつくれないもので、すべてマリコンとよばれるゼネコンの海洋版か、その下請けの建設業界が受注している。事業を計画する際には、行政によるヒアリングが行なわれ、漁業者からの強い要望があって、漁業振興のために必要な措置だとして魚礁設置が認められる。そうして事業が始まるわけだが、大金をかけてつくったコンクリートや鋼製の構造物は、水深十数メートル以深の深い水の底に沈められる。だれも目の届かないところに行ってしまうのだ。

漁師たちも天然石が希望だったが、望んでいない素材の魚礁でも「ないよりはまし」と受け入れてきた経緯がある。そんなものだから、その魚礁が実際に効果をあげているかの検証は長らくされてこなかった。せいぜい設置後にダイバーを入れて集まっている魚の写真を撮って、よかったよかったと自画自賛しているくらいのものだ。

　多くの現場では、早くて数年、遅くても十数年の後にはその魚礁の姿は消えているという。「洗掘《せんくつ》」といって、構造物の根元が潮の流れに洗われて穴ができ、構造物がその中に埋まりこんでいくためだ。また、魚が集まれば漁師が狙うわけで、底引き網などが引っ掛けられ、破れて破棄された漁具が魚礁に絡みつき、魚が安心して集まれる状況ではなくなることもある。持ち主のコントロールが利かなくなって放置された漁具は、それでもなお魚たちを捕らえる。これをゴーストフィッシングといい、漁獲統計に表れない水産資源の破壊にもつながっている。

　ここまで言うと想像がつくと思うが、漁業のための補助金といいながら、実際には建設業界との癒着の中で温存されてきたある種の「利権」なのだろう。

　目にもつかず関心も寄せられなかった魚礁だが、昨今、社会的な「説明責任」が求められるようになったおかげで、「意味」を考え直そうという取組みも出てきている。魚礁には、魚を集めて漁獲の助けにしようという「漁礁」の意味と、魚の隠れ場を提供して資源の維持を図ろうという「魚礁」の意味の両面がある。さらに最近では、海藻の繁茂を促して、二酸化炭素の固定にも役立たせようという考えも出てきた。

　魚礁は漁場の利用にかかわるルールにも関係している。漁業者は漁業権をもらっているのだが、それは単に利用すればよいというものではなく、維持管理の義務もともなうものである。そのため、魚礁には、手入れをして資源維持の努力を示す拠点としての意味がある。その魚礁に「つき磯漁業権」を設定すれば、レジャーの釣り船を規制する根拠にもなる。

一方、魚礁の構造物の素材についても、それまではコンクリート業界や鉄鋼業界の製品が使われていたが、産業廃棄物などの減量化対策として、新素材でつくろうという提案が増えてきている。古くは鉄鋼スラグや石炭ガラ、使用済みの船や電車、バスなどの鉄製品が候補としてあげられてきた。そのほかには、火山灰を焼結した軽量魚礁構造物や廃ガラスを再加工した素材など、いろいろと提案されている。

これは、主力であったコンクリート製の魚礁では、海藻の着生が悪いとか、まわりが泥になるとか、あまりかんばしい報告が得られてこなかったためである。たしかに、提案される新素材には注目すべき魅力があるのだが、いずれもコストや持続性などの点で問題をかかえている。提案の多くは、やはり廃棄物を処分する意味合いが強く、海の生態系の助けになるような構造物を考える人はまだまだ少ないように感じる。

そうなってしまうのは、一時的に資金を投入して改善を図ろうという短絡的思考のせいではないだろうか。海底で何年にもわたって機能する磯を、人工物でつくるのはむずかしいように感じる。冒頭に紹介した石を運びつづける漁師のような、持続的な磯を育てる手間が必要なのではないだろうか。

干潟の営み　（二〇〇一）

有明海では諫早湾の干潟をめぐる問題が、なお話題になっている。瀬戸内海にも干潟はあって、人々の暮らしと密接に関わっているのだが、話題性に乏しいのか忘れられたのか、注目度は今一つだ。問題が起こり注目されたところは調査もされ、記録にも残されていくのだが、「あたりまえの場所」というのはめったに調査されない。地元の人々の記憶にのみ生き残る存在となっている。有明海の問題でもこうした「あたりまえ」を調査していれば、比較検討も容易だっただろう。

しかし、瀬戸内海の干潟、たとえば大分県の豊前海などでは、あまり注目されないのが幸いしてか、まぼろしの魚といわれるアオギスなどもひっそりと息づいている。紹介するかどうか迷うところではあるが。指摘しておかないとなし崩しに開発されて、気がつけば絶滅していたということになりかねないので記しておこう。

内緒にしたいのは、めずらしい物好きの日本人というより、自然の命を軽く考える人々がいることに原因がある。釣り人が押し寄せるという心配もあるが、それ以上に恐ろしいのが一部の学習教材の供給屋さんなどだ。トンボやチョウチョ、カエルなどの珍種が報告されようものなら、一番に駆けつけてさらえて行ってしまう業界がある。絶滅しそうな種類ほど商品価値が高くなるのか、危うい生きものほど注目されて、絶滅の手助けをすることになる。これもまた嘆かわしいことのひとつだ。

干潟にはアサリ、ハマグリ、マテガイ、アカガイなど貝類も豊富だ。クルマエビやワタリガニなど甲殻類も捨てがたい。キスもいいが、ハゼ類も愛嬌《あいきょう》があり、人を惹きつける生態をもっている。干潟という場所を「泥の海」と見て価値のない空間だと決めつける人々には、その場の潮風や海の幸がもたらしてくれる「豊かさ」を感じる感性が欠けているのではないだろうか。いや、東京のビルの中で机に向かっているだけの人々に、実感を求めるほうが間違っているのかもしれない。そんな人たちに干潟の将来をゆだねた私たちの失態でもあるだろう。

泥は汚い、臭うという感覚は視覚イメージから生まれている。泥のたまる場所には水が必要だ。水がないとホコリになってしまう。水が静かに淀《よど》むところに、水中にただようものが沈殿《ちんでん》し、泥となる。私たちの身のまわりは、きれい好きの生活感覚にあふれていて、掃除機という風でホコリを取り除くなり、水で汚れを洗い流すなり、淀みをつくらないようにしている。衛生的には理にかなったことであるが、関心が向けられず、不幸にして淀みとなり、汚れのたまったところは腐って悪臭をもってしまう。人工的にできる淀みには、見捨てられた物質が集まり、自然の分解屋がいないものだから、有機物として利用されずに腐ってしまうわけだ。そんなところの泥というか「ヘドロ」を見ていれば、臭くて不衛生で好ましくないという感情が強くなる。

干潟はどうだろう。陸地の汚れを川が運び出し、水辺に堆積させる。潮が満ちれば海中に没し、潮が引けば空気と光にさらされる。そこでは「汚れ」と思われる有機物は貴重なエサであり、生物生産に結びつく資源でもある。すみやかに生物の身体に取りこまれ、また排出されていく。泥の香りはするが、決して嫌な腐敗臭ではなく、生きている泥のにおいだ。

有機物を分解する微生物を、カニやゴカイたちが活用している。彼らの掘っている穴は、泥の中に酸素を送りこむパイプラインだ。潮が満ち、海水中に泥の中の栄養分が溶け出せば、プランクトンが発生し、アサリやアゲマキなどの貝類がさかんに摂食する。小魚が寄ってくればイソギンチャクが触手を伸ばす。そんな小動物たちを求めて渡り鳥たちがやってくる。泥遊びに興じる子供たちも、アサリ掘りに精を出す大人たちも、みなが干潟の生きものとして存在感を示している。

その干潟の浄化能力といえば、十万人の都市排水の面倒を一〇〇〇ヘクタールの干潟が見るというのだから馬鹿にならない。下水道を引き、処理場をつくって運営するのに、いかほどの費用がかかっていることだろう。しかも、下水処理場の排水にも結局は問題があるのだから、比較にならない効果だ。

有明ノリ問題以来、有明海、豊前海、兵庫県の新舞子、大陸中国の杭州湾など、いくつかの干潟を見て歩いた。規模の違いはあっても、泥の中の生きものたちはどこでも寡黙に日々の営みを続けている。

休みなく動いている彼らこそが、海辺の守り役なのだ。コンクリートの壁と水門のゲートでは水の物理的管理はできても、生物、微生物の管理、化学的な管理はできない。干潟のもつ浄化力、それを港湾開発や埋立て、干拓、下水道、道路などの土木事業が弱らせてきたのだ。

大陸中国の干潟では「ニーロー」と呼ばれる巻貝の紹興酒漬《しょうこうしゅづ》けを食べた。有明海では「わけのしんのす」と呼ばれるイソギンチャクの味噌漬を食べた。豊前海ではシャコの仲間の穴ジャコを、新舞子では産卵期を終えたガザミを食べた。地元の人たちがニヤリと笑いながら差し出す干潟の味覚には、都市の料理の洗練された味はないけれど、生きている自然の生命力が宿っている。その味を生かしつづけるにはどうすればよいのか、かけられた問いは重い。

泥にも土にも触れることなく暮らす都市型の生活は、こぎれいに見えても生命力の感じられないものだ。私たちの生き方をいま問い直さなければならないと思う。

干潟の役割を漁業から考える　（二〇〇二）

有明海の諫早湾では、あのギロチン遮断（一九九七）以来ひさびさに調整池への海水流入がはかられ、短期的にではあるが、環境調査（二〇〇三）の一歩が踏み出された。赤潮の発生や底質の貧酸素化など、問題の解決には夏場をとおした長期の水門開放が必要だが、そこまでは踏みこめないそうで、まさしく言い訳だけのポーズになってしまっている。あの干潟と有明海はどうなっていくのだろうか。

ノリなどの水産物被害を訴える漁業からだけでなく、ひとつの地域社会として有明海という海をどのように位置づけていくかが問われている。ここでは、漁業の観点から干潟のもつ役割を考えてみたい。

干潟のすべてが泥のたまった場所ということではない。潮が速く、波の荒いところでは泥は洗い流され、砂や礫ばかりのところもある。それぞれ砂干潟、礫干潟とも呼べる。それぞれの干潟によって特性は異なり、そこに暮らす生物の暮らしぶりにも違いがあるのは当然だ。漁業はそれぞれの干潟に適応している生物の生態にあわせて、漁の方法を順応させて付き合ってきた。

近年、漁業は近代化政策により、さまざまな設備投資をし、漁獲効率を高めてきた。その結果、船で一網打尽にできる網漁が中心になってきた。もちろん多様な漁業形態がそれぞれの地域に残されていることは事実だが、とくに生産規模が小さく、大量生産、大量流通になじまない零細な干潟漁業というのはあまり表に出なくなってきている。かつては沖合いの漁がはかばかしくない時期のつなぎの漁業として、干潟の生物を利用してきた。それが第一種共同漁業権の対象とされる魚介類であった。漁村の共有の財産として認識され、かなり容易に採れるだけに乱獲になりがちだから、採集方法や捕獲期間を限るなど、村の掟で縛りながら管理してきたところも多い。

第一種共同漁業権の対象になるのは貝類、海藻類、ナマコ、ウニなどの海底にすむ定着性の生き物たちである。明石のようにタコ類という運動性をもつ生き物を加えているケースもある。これらは船で採りに行くのが普通だが、潮が引いた干潟だと歩いてでも採れるので、漁村のだれもが入会《いりあい》で利用するというところも多かった。

多彩だが零細な規模のこれら干潟漁業は、価値がなくなったわけではないのだが、共同体の中での相対的な発言力が低下してきたため、中核漁業を軸にすえた漁業調整上の議論に加えられてこないことが多かった。言い換えれば、漁業の中でも疎外されてきたといえる。

今日、干潟の漁業として目につくものといえば、ノリ養殖とアサリ掘りだ。アサリ漁業も、種貝を干潟にまいて、成長を待って採集する地まき養殖が中心だ。干潟の生産力の一部を人工的に特定の生き物に利用させ、集約的に生産するものが経済規模に達して生き残ってきたわけだ。

ここでは干潟漁業のうち、ノリ養殖とアサリ漁業に着目してみよう。

潮の干満によって水中に没したり空気にさらされたりする場所を潮間帯《ちょうかんたい》と呼ぶ。その下の、つねに水中にある部分を潮下帯と呼ぶ。潮間帯は、あるときは陸となり、あるときは海となる。まったく異なる二つの環境にさらされるわけだ。変化の激しい潮間帯では、暑さや寒さ、乾燥と湿潤による塩分など化学成分の変化、風雨や照りつける太陽、激しく当たる波など、生き物の生存には苛酷《かこく》な条件がそろっている。しかし、その苛酷な条件下でも、さまざまな生き物が適応して生きているから感心する。

ノリはそんな潮間帯に生きる生き物の代表選手といってもいいだろう。潮間帯の上から二〇センチほどのところで、同じ高さに黒い帯状の群落をつくるのがアマノリの仲間だ。この中にノリ養殖に使われるアサクサノリなどが含まれる。この位置は潮が引いて乾燥にさらされる時間が数時間にのぼる。普通の海藻はこの長時間の乾燥に耐えられないから、満潮時に種が付いたとしても育つ前に枯れてしまう。アマノリはもっとも乾燥に強い海藻だといえる。潮間帯を少し下がるとアオノリやアオサがやはり帯状に広がっている。これらは二時間程度の乾燥には耐えられるが、それ以上長時間になると枯れてしまう。なじみのワカメやホンダワラ類の多くは乾燥に弱いので潮間帯にはみ出すことができず、潮下帯に生育することになる。

逆に、水中の世界になると、深さとともに太陽からの光が乏しくなる。ワカメなどは少ない光で成長できるが、アマノリは強い光がないと成長できない。それぞれ環境の特徴を生かし、他の生き物と競合しない自分の位置を見いだしているようだ。これを棲《す》み分けという。

海岸に生える海藻の中でもアマノリはやわらかく甘い風味をもつことから、古くから食用に利用されてきた。天然ものとしては日本海側のイワノリが知られているが、それ以外はほとんどが養殖により生産されている。なぜなら、先に述べた潮間帯の上部という環境は、海岸のごく一部の帯状の場所でしかない。天然ばかりに頼ると、少ししか収穫できないことになる。

ノリに価値のあることを知った先人は、潮間帯上部の環境を人工的につくろうとした。海辺に立てられた杭《くい》にも同じ高さにノリが付着することを見つけたからだ。そこで粗朶《そだ》と呼ばれる柴枝《しばえだ》を干潟に立て並べ、ノリを付着させて栽培することを発明した。

やがてそれを進化させ、ノリの種をつけた網を支柱で支えて適切な高さに置けば、広い海面を使ってノリを育てられることがわかり、支柱式ノリ養殖へと発展していった。

支柱を立て並べる作業ができるのは、干潟が浅いからだ。また、干潟のあるところは、河川から土砂とともに栄養分が豊富にもたらされて、泥の中に蓄積している。ノリが成長していくときの栄養源が干潟そのものにあったわけだ。

アサリの場合は、砂と泥の環境が、彼らのもぐりこむ居場所を提供している。アサリは海中にただようプランクトンやデトリタスと呼ばれる有機物をエサにする。海水ごと吸いこんで、プランクトンとデトリタスだけ漉《こ》しとって食べている。とくに干潟の泥場は、豊かな栄養があり、強い太陽の光があたるので、微小な珪藻《けいそう》が大繁殖する。その濃縮スープを潮が満ちてくるときに味わえるのだから、アサリにとってはまさに天国だ。

しかし一方で、ノリやアサリを育む栄養分は問題も起こす。干潟に堆積する泥は粒子がこまかく、その層は礫や砂に比べて水の通りが悪い。堆積した下の層には新しい水がしみこみにくくなる。表面は、波や潮による海水の動きによって、絶えず空気に触れた新しい海水に満たされているが、それは泥の下には届かないわけだ。泥の中の栄養分は、生物の死骸や排泄物など、有機物の形でもたらされることが多く、それが微生物に分解されるときに酸素が消費されて、炭酸ガスと水になる。酸素は泥表面からしか補給されないから、泥の中は酸素のなくなった世界になる。このような世界では、酸素で呼吸する生き物は生きていけない。そこは特殊な微生物や原生動物だけが生きるところだ。その生産力は桁違いに小さくなり、生成物として、卵の腐った臭いがする硫化水素やメタンガスなど、有害なものまで生じてしまう。

干潟が豊かな生産力を誇るのは、潮の干満により水圧が変わり、水のとおりにくい泥の中にも海水の動きが生じやすいことと、泥の中に穴を掘って住む生物たちの活動によって、水の通路が絶えず掘り返されているためだ。この意味で、人が潮干狩りと称して泥の原を掘り返してまわることも、泥の中への酸素の補給になっている。要は耕しているのだ。潮干狩りは貝を奪うだけの活動ではなく、貝の住める環境を整備するとともに、泥の中にある栄養分の有効活用にもつながっていたのである。

また、アサリはアマモという海草の生えているアマモ場のそばにもよく生息する。アマモは地下茎をもち、光合成で生み出した酸素を根から海底にもちこみ、泥環境の改善に寄与している。その改善された泥環境をアサリが好む。さらにアマモの葉体に付着する微生物が落ちてくるのを待っている。アマモのほうから見れば、アサリが水中のプランクトンやデトリタスを食ってくれることで海水の透明度がよくなり、太陽の光を豊富に得られるようになる。両者は共生関係を築いているのだ。

近頃のアサリ漁場では、天然に発生するアサリが減り、他から移入する放流アサリが幅をきかせている。これは、アサリが定着しやすいアマモ場などが失われてきたからでもある。干潟のアサリにとっては、泥の浅場さえあればよいというわけではなかったのだ。

こうみてくると、有明海で起こっていることや、瀬戸内海における干潟喪失の結果も、ある程度想像できるようになる。

干潟の浄化機能が多くの生き物たちの共生関係によって強化されてきたこと。多様な生き物がそれぞれに苛酷な環境をすみ分けることによって、干潟という環境をすきまなく利用し、さまざまな環境変化への対応力を保ってきたこと。これらのシステムそのものが干潟の価値であり、漁業はその一部に寄り添って生産活動に結びつけてきたことがわかる。

今日の有明海や瀬戸内海の自然環境の破壊には、こうしたシステムとしての干潟を評価する目をもたなかった人間の愚かさが表れている。

漁業にしても、生産効率を求めるあまり、多様であるべき干潟の環境を、特定の有用生物ばかりを育てるモノカルチャーと化してしまい、システム全体としての持続性を破壊し、病害の多発や大量死を招くことがあった。

ノリ養殖でノリ網を張りわたすことは、海面一帯を潮間帯上部の環境にして独占するということであり、その下の海中や海底への太陽光の差しこみなどを阻害している。本来、太陽の光があたることによって泥表面にさまざまな付着珪藻が発生し、それがアサリなどの餌になる。アサリがたくさんいれば、ノリと栄養を取り合う関係にある植物プランクトンを食べてくれるので、ノリへの栄養が保障される。それが、ノリを採ることばかりに夢中になって光を独占してしまうと、海底の生物バランスが崩れ、やがて植物プランクトンの大増殖を招き、栄養の枯渇をまねく。

ノリ養殖がモノカルチャー化すると、その生産管理のため酸処理などの手入れも必要になる。十分に海水量のある明石のノリ漁場なら問題にならないが、潮が引くと海水がほとんどなくなってしまう有明海の干潟では、そうしたモノカルチャー用の人為的な処置は、えてして生態系の破壊にもつながりかねない。これもアサリの減少や植物プランクトンの大増殖の遠因になっている。

アサリ漁業の場合も、昔ながらの手掘りのスピードなら問題はないのだが、効率を求めた機械引きや、ジェット噴流を利用した採り方になると、海底がひっくり返ったままになり、生物が再び住めるようになるまでに長い時間がかかってしまう。もとの生態系に戻るのに時間がかかると、その間に酸素不足の状態が生じやすく、その悪水がアサリを殺すこともある。

こうした漁業による「自分の首を絞める」行為も、干潟と長い付き合いをしてきた周辺の漁村では知られていたことだ。しかし、そのような経験知は科学的裏づけが取れていない（学者が調べていないだけ）とされ、生産性の向上をめざす水産政策の影に置き忘れられてきた。

これからは漁業自身も環境との付き合い方を見直し、持続的な生産につなげられるような手法を編み出さなければならないし、漁業以外の海域利用をはかる主体においても、多様な生き物の生息できる場としての海を保全する手法で向き合わなければならない。

瀬戸内海では多くの干潟が失われてしまったが、それを補う措置はとられてこなかった。

そこで「無駄な工事」と批判されている神戸沖空港などを中止し、埋め立て途中の囲われた水域を干潟化することが求められる。また、臨海部の工業地帯でも、産業構造の変化から遊休地が大量に発生している。そうした場所に海水を呼びこみ、再び干潟化すれば、瀬戸内海全体の健全化へも大きく寄与することだろう。

漁師や魚屋に追いつく研究　（二〇〇三）

二〇〇三年の夏の終わり、大分駅の近くの食堂で「関サバ」を食べた。次の週には神戸で三陸サンマの刺身を食べた。青ものの刺身がずいぶん一般的になったものだと感心しながら、両者のうまさを引き比べて感慨にふけった。

三陸のサンマは秋に入ると脂ののった旬を迎える。二〇〇三年は八月早々から姿が市場に出ていたから、回遊が早いのかと思っていたが、脂ののりも一段と早いようだ。冷夏、短い残暑、そしてすぐ秋という異常気象の結果だろうか。いずれにせよ、脂が口にとろけるように充満するサンマの一切れは、醤油もつけずに十分な味わいがあった。

棒受け網の網を引きしぼる前に漁獲物の上ものを特別にとりわけ、直後に水氷でしっかりと冷やしを効かせる。陸揚げしてすばやく箱詰めして宅配へ、鮮度管理がうまくなったものだと思う。かつては網を引きしぼりきった上で、トラックの荷台へ直接落としていた。そのころの扱いとはずいぶん違う荷揚げ姿が増えている。こうした配慮が、とろりとした脂の旨味に加えて、サンマに身の張りを与え、のどを通ったあとのさわやかな食感に通じるのだろう。

一方の関サバだが、値段を聞いてからでは味の評価がぶれると思ったものだから、値も聞かずに注文した。「関サバ」は商標登録されているが、近ごろではまがい物が横行し、どれが本物かわかりはしないという風評が流れている。たしかに、名前にあやかった偽りの商行為もあるようだが、この店は信用が置けそうな気がした。店の中に「生臭さ」が感じられないのだ。

新建材の合板のにおいが鼻につくような真新しい店でも、鮮魚を扱っているうちに生臭さがただよってくるものだが、この店はすくなくとも十年以上はたっていると思われる古ぼけた店なのにそれがない。カウンターには寿司屋のように氷を敷き詰めた陳列ケースがあり、たくさんの魚たちが並んでいる。それでも臭くないというのは、店の人がどれだけ扱いに心を配っているかの証しだろう。

出てきた刺身は、案外脂を感じさせなかった。なにより、サバの筋肉の張りがほどよくほぐれ、甘味が伝わってくる。魚は脂ののりだと盛んに言われるが、脂肪が多ければ良いというものではないだろう。

今は八月の終わりで、サンマはともかく、サバに脂が乗るのにはまだ二カ月は早い。脂でいえば旬はずれなのだが、速吸《はやすい》の瀬戸を泳ぎまわっていた筋肉質の関サバとしては、脂よりも筋肉とエキス成分の味が大切なのだろう。うまかった。

先日の瀬戸内海研究フォーラムで、大分大学の望月先生が関サバの科学的研究結果を解説されていたが、これまで漁師や魚屋たちが語っていた関サバのうまさの秘密が、科学的な物差しでうまく表現されたものだと感心していた。その場で私は不遜にも「漁師の勘と経験にようやく科学が追いついた」などと話してしまったが、多くの人から共感の声が寄せられた。

ついでにこの場をお借りして望月先生に注文をさせてもらおう。

サバといえばアレルギーや食あたりが心配される代物だ。関サバの扱い方とヒスタミンの生成度合いの変化、アニサキスという寄生虫のつきやすい季節、季節によるエサの変化と関サバの品質の関係など、興味は次々に湧いてくる。そのあたりを定点観察していただきながら、ぜひ極めていっていただきたいものだ。

豊後水道の水質を調査し、栄養分はどこから来るのかという研究を発表された愛媛大学の武岡先生のお話も、漁師たちの経験を裏づけているように感じられた。

漁師たちは、しばしば「海から魚が湧いてくる」と表現する。いくらなんでも過剰な表現だと思っていたが、各地で話の内容をたどっていくと、それまで針にも網にもかからなかった魚が、突然大量にあらわれ、獲っても獲ってもなくならない様子を経験しているところに共通点がある。

他の海から回遊してくる魚の場合は、先触れがあり、一週間からひと潮（十五日）くらいすると群の本体がやってきて盛漁期を迎え、やがて去っていく。

しかし「湧く」と表現されるものはそれとは異なり、それこそ海の底から湧き出てきたように感じられるものだという。武岡先生の報告された豊後水道の底入り潮などは表面には見えず、いきなり海中の栄養分が増える。それが引き金になってプランクトンが増殖し、そこに魚たちが群れ集まってくるというダイナミックな変化に通じるものだろう。

これまでの常識的な水産研究では、川から栄養分が流れこみ、それによってプランクトンが増殖し、魚が育つという筋書きで構造を捉えていた。だから、川からの栄養分の供給量を押さえれば海の生産力が推定できると考えられていた。しかし、その数字では「魚が湧く」などという漁師の話は実現不可能な空想ということになってしまう。その川の影響の何倍もの力が外洋の深いところからもたらされるということになれば、漁師の「湧く」という表現が妥当性を帯びてくるように感じた。

もうひとつ、別府大学の飯沼先生のお話にも目からウロコが取れた。生きものと共生する神様への信仰と、生類憐《しょうるいあわれ》みで殺生《せっしょう》を戒める仏様の教えが、矛盾しながらも、神仏習合という日本独特の宗教観をもたらし、人々の信仰心と原罪意識をうまく利用してさまざまなタブーが設けられ、結果として資源管理の基礎的な取り組みにつながっていたというもの。

資源管理を進めるにあたり、学説を強制的に適用したり、漁業者の生業のあり方を無視した決定を強要したりすることが多い昨今、漁師たちの自主的な「納得できる管理」に道を開くにはどうすればよいか、常々考えてきた。古い迷信と片づけられそうな旧来慣行にも、もう一度光をあて、科学的にも合理的と説明できる資源管理のあり方を、人と自然の関係性として分析してみる方法がありそうな気がしてきた。

考えてみれば、漁師や魚屋が勘と経験に基づいて育んできた人と自然の関係を「学問的ではない」と切り捨ててきた近代科学が、いま自然破壊の先棒を担いでいる。自然とともに生きる人間活動を再構築するためには、現場に密着した観察と、古人の知恵を洞察する研究が必要だろう。今回のフォーラムでは、ようやく科学研究が魚のプロたちに近づきはじめた気がした。

明石の海底にタイラギがもどる（二〇〇七）

二〇〇四年には「明石の海底には貝類がいなくなった」と書いたが、一昨年あたりから少しずつ様子が変わってきた。そして今年はタイラギがもどってきて、久しぶりにおいしい貝柱をいただけることになった。

明石市の沿岸には共同漁業権でタイラギ、ミルクイを対象とした潜水器漁業が設定されており、一九六〇年ごろまではかなりの数の漁業者が潜水器をつけて貝やナマコの採取をしていた。春から秋はイワシ網や手繰り網などの漁船漁業を行なうが、冬は時《し》化《け》があるし魚が動かないから休漁期に入ってしまう。その冬場の仕事として貝類の採取がうってつけだった。

その後、瀬戸内海の水質汚染が深刻化し、海底のヘドロ化による貧酸素水塊の発生によって貝類の繁殖が思わしくなくなっていった。このため、明石の漁業者は貝類採取からノリ養殖へと転換して、この時代を乗り切ってきた。一部残った潜水器漁業の漁師たちは、少なくなったタイラギなどの高価な貝類から、ウチムラサキやアサリ、ナマコなど、より安価な水産物を採取して細々と生計を維持してきた。それも、二〇〇〇年を過ぎると二軒しか残っていないというさびしい状況になっていた。これが三年前までの明石の海底の状況であった。

それが二〇〇四年のこと、例年なら明石海峡を中心に分布するマダコが、西に二〇キロほど離れた二見沖という漁場で大量に水揚げされた。漁獲されたマダコの多くがアケガイという二枚貝を食っていたようで、その場に繁殖した貝を目あてにマダコが寄ってきたものではないかと考えられた。

その前後は大阪湾で神戸沖空港の埋立てなどがあって地形改変が大幅に進み、大阪湾全体の栄養循環が分断されはじめた時期だ。湾奥が過栄養の青潮の海になった一方で、明石海峡は貧栄養化が進み、ノリの色落ちやイカナゴのやせ細り、マダコのエサ不足も心配されるようになっていた。そんな折に、少し離れた漁場に貝類が繁殖したものだから、マダコもつられて移動したのではないだろうか。

二〇〇五年のアケガイの発生のあと、二〇〇六年春にはタイラギの稚貝がパラパラと見つかった。殻長一〇センチ以下だからまだ一年生だと思われたが、どこからか流れ着いたタイラギの幼生が、前の年に明石の海で着底に成功したのだろう。タイラギのほかにもハボウキガイやアサリの稚貝も分布を広げており、明石の海底が貝類の生息に適した状況になってきたことをうかがわせた。

そして二〇〇七年一月、目星をつけた調査ポイントにダイバーをもぐらせると、殻長二十七センチの立派なタイラギが三枚採取された。タイラギは三〇センチもある大きな貝殻をもつ貝だが、食べられるところとしては貝柱に注目が集まり、内臓部分やひもと呼ばれる外套膜などはおいしくないと捨てられることが多い。調査のための計測を終えたあと、採取されたタイラギの貝柱を取り出してみると、長径が六センチもある立派なものだった。

ポイントを移しながら調査を進めたところ、タイラギが繁殖している場所は潮の流れが速いことがわかった。また、岩盤の上に砂ばかりが積もっているようなところではなく、ヘドロが堆積しているような流れの停滞したところでもない、ちょうど中間的な砂泥質の海底で、二見沖から江井ヶ島漁港の沖あたりに帯状に広がっていた。

こうした情報はまたたく間に広がり、今漁期の初めには一隻しか出漁していなかった潜水器漁業の漁船が数隻に増え、たくさんのタイラギの貝柱が水揚げされるに至った。ただ、鮨屋などで貝殻ごとの姿をお客さんに見せてネタにするお店には、採ってきたままの貝を提供すればよいが、一般小売用には貝殻や内臓をむきとって、貝柱だけの状態にしないと買ってもらえない。海底から採ってくる作業だけならまだしも、その後の貝むき作業がけっこうな重労働になる。

市場をみると、国産では有明海産のものなどを見かける。一方、輸入の中国産などが、高級食材ではあるが、比較的安く出回っており、見た目のサイズと「安さ」だけが購入の判断基準になってしまっている。食べてみると違いがあるのに、水産物の小売業者も消費者も、ものの値打ちをもっと考えて味わってほしいと思う。

一方で、タイラギが発生したからといって群がるように乱獲しては、漁業のほうも失格といえる。その先の繁殖を維持するために、来年育ってくる稚貝を傷めないことと、一部の親貝を取り残しておくことが大切だ。潜水器漁業者の申し合わせや漁業協同組合による指導が問われてくるところだろう。

貝柱とひとくちにいうが、貝の種類によって口当たりに違いがある。ホタテの貝柱は、タイラギよりやわらかい口当たりだ。また、ハマグリの貝柱をお吸いものの中から取り出して食べてみると歯切れが悪く、食べにくい。ハマグリといえば「貝合わせ」の遊びがあったくらいで、二枚の貝殻がぴったりくっつくのが特徴といわれる。生きているハマグリの殻を開こうとしても、なかなか容易ではない。これは、殻が硬質であるということと、貝柱がしっかりと働いて貝殻を閉じきっているからだ。タコやヒトデに襲われたとき、殻に閉じこもることで身を守ってきたためだろう。ハマグリの筋肉は一度収縮すると容易にはもどらない性質をもっている。そのため、ハマグリの貝柱を食べると、かたくて繊維が歯に挟まりそうになるわけだ。

一方、ホタテといえば大きな貝柱が貝の中央部を占めている。しかし、敵に襲われたとき、殻に閉じこもるという戦略はとらなかった。貝殻をパクパクと開閉することによってジェット水流を噴出し、泳いでしまうのだ。これを可能にするのは、貝柱のすばやい収縮と弛緩（筋肉のもどり）のくりかえしである。そのためホタテの貝柱は、運動選手の筋肉のように柔軟性をもっていて、食べるとやわらかく感じるわけだ。

では、タイラギの貝柱はどんな生き残り戦略ででき あがったのだろう。タイラギは砂泥の海底に三角形のとがったほうを突き刺すように半身をうずめ、上半分だけを水中に立ち上げている。だから、敵が来たからといって泳いで逃げ出すわけではない。また、ハマグリのように殻が硬くないので、殻を閉じているだけでは守りきれないのではないだろうか。しかし、それでも海底で生き延びてきているわけだ。

ここからは想像でしかないのだが、タコやヒトデがのしかかってきたときに、急に殻を閉じ、その際にジェット水流を吹きつけて驚かすという手立てを使っているのではないだろうか。そんな中間的な生態のため、ホタテよりややかたい肉質で、ハマグリより歯ざわりのよい味わいになるのではないだろうか。知らんけど…

明石の海底調査（二〇〇四）

海図には、水深を示す数値や等深線が描かれ、航路としての危険箇所や海底地形の特性が描き出されているが、そのほかに底質の状況も情報として盛りこまれている。海底が砂か泥か、あるいは岩なのかといった情報は、「船は浮かんで走るもの」という感覚の人には、あまり関係ないともいえる。ところが、それは漁業者にとっては欠かせない情報なのである。

筆者が驚いた事例をあげよう。二十年前、明石で漁船に乗せてもらい、沖合いの鹿ノ瀬に出かけたときのことだ。春先の霧にはじめて見舞われ、三トンの一本釣り漁船のブリッジから舳先《へさき》が見えないという状況になった。レーダーがないので、文字どおり

「五里霧中」の状態だ。あるのは磁石のみで、方角はわかっても現在位置はわからない。

「これはしばらく漂流かな」と思っていると、船頭の漁師は少しもあわてず、釣り糸に錘《おもり》をつけて海中に垂らした。当たりを取るように糸を上下させて「下は砂だから、鹿ノ瀬の北に来ている」という。しばらく船を走らせ、わずかにうかがえる波の立ち具合を見て「鹿ノ瀬の東に出たから、イエ（漁港）は東北東だ」という。またしばらく走っては錘糸を取り出して海底を探り「底が砂利《じゃり》になったから、もうすぐ航路に入る」というやいなや目の前で汽笛がなって大きな船陰がすぐ横を通る。こちらは生きた心地がしないのだが「大きな船はレーダーを見て走っているから大丈夫」と気にもとめていない。

結局いつもより一時間余分にかかったが、ふと霧が晴れると目の前に漁港の灯台があらわれた。その間には磁石を見て、波の立ち具合を見て、錘糸で海底を探ることで船を走らせたわけだ。経験によって身につけた漁場の空間感覚を、限られた情報で読み取って操船するのに驚いていると「子供のころから四十年もこの海に通っているから、流れや海の底もぜんぶ頭に入っている」という。

たしかに、そうでないとどこで魚を釣ろうにも博打《ばくち》でしかなくなる。名人クラスになると海底にある漬物石くらいの大きさの凹凸までわかるというが、いくらなんでもそこまではと疑っていると、ちゃんと魚群探知機にあらわれるから驚く。

驚きの体験のあとに海図を広げ、通ってきたであろう海路をなぞると、S（砂）M（泥）R（岩）などの符号が、漁師が語ったとおりに記されていた。

昨年から、明石市地先の海底調査を始めている。日本屈指の生産量を誇るノリ養殖漁場でもあるこの海域は、明石ダコや明石ダイの漁場でもある。ところが海図を見ると、沿岸部に空白の部分があって、水深や底質が読みとれない区画がある。漁場計画や海洋調査をするにも不自由なことなので、困っていた。

じつは、この部分はノリ養殖漁業がこの地に発展しはじめた四十年ほど前、支柱式のノリ養殖を実施するため鋼管製の杭を打ちこんでいたところで、一般船舶の航行ができない場所として測量されていなかったそうだ。

現在では、ノリ養殖の方法が浮き流し式という支柱を必要としない方法に替わったため、鋼管は切り倒されてなくなっている。だから漁船をはじめプレジャーボートもよく走り、海岸工事の作業船などもやってくる場所になっている。漁場としても下水処理場の処理水が放流される海面であり、ノリ養殖や漁船漁業の活躍の場なので、海底の状況もあらためて調べてみようということになったわけだ。

きっかけや狙いはたくさんあって絞りきれているわけではないが、主なものを紹介すると、以下のようになる。

① 明石ダコを増やそうという計画で、タコのエサになる貝（ウチムラサキなど）を放流し、海底での定着ぶりを調べたい。

② ノリ養殖場の海底に泥がたまりやすくなり、ノリの病気（ツボ状菌など）が住みついてしまっているのではないかという危惧。

③ 海底に住む貝類資源が減少しているので、再生させるにはどんな方法が考えられるか。

④ 下水処理場からの処理水の放流は、海域にどのような影響を与えているのか。

などである。

本来なら、このような海底調査は水産関係の試験研究機関がするものなのだが、忙しいのか予算がないのか、手つかずの状態にある。明石の漁業団体は研究熱心なことで知られ、この状況に業《ごう》を煮やし、自分たちでやってしまえと筆者にも依頼があったわけだ。

筆者自身もスキューバダイビングをたしなむのだが、以前のサメ騒動（一九九二）以来、私の潜水機材は封印されてしまっている。

「あんたは高いから」というのが本音だろうが、潜る仕事は専門家に任せるべきだという主張で、ダイバーを雇うことになっている。

しかし、環境コンサルタントさんのダイバーを雇うには漁業団体の予算では足りない。結局、これも自前主義で潜水器漁業の漁師に頼んでもぐってもらい、海底の様子を観察してもらうとともに、底質の一部を採取してきてもらうことで賄《まかな》うこととなった。一般的な海洋調査で用いられるエクマン式やスミス・マッキンタイヤ式の採泥機は小石の混ざる海底ではうまく採取できないことも理由にあった。

毎月のように海水を採取してさまざまな水質調査を行なっているが、海底に手をつけるのは初めてのこと。下水処理場の放流水が出されている谷八木川の沖では、小石混じりの砂だったが、一部に黒い泥も含まれていた。かつてはタイラギ、ミルクイ、マテガイなど貝類の宝庫だったこの場所が、二十年ほど前にはアサリやウチムラサキなどの限られた種類しかいない場所に代わり、今日では貝殻ばかりの海底になってしまっている。黒い泥にはかすかに硫化水素の臭いがして、ヘドロがここまで広がってきているのかと不安がつのる。

ただ、船上に回収された砂を調べていると、なにやら動くものがいた。小さいシラスのような細長い生きもので、うす茶色の身体をさかんにくねらせていた。サンプルビンにとって見ると、なんとナメクジウオだった。広島では天然記念物に指定されておりながら、まぼろしといわれるくらい貴重になった生きものだが、ここ明石では元気な姿を見せてくれた。ヘドロの広がりにめげることなく、しっかりと海を守っていけと語っているようだった。

瀬戸内海の庭畑道（二〇一五）

瀬戸内海の環境課題といえば、これまでは赤潮、ヘドロ、貧酸素に目が向けられてきた。これらの課題を背負っている場所は今も残っているが、現在では、瀬戸内海の多くは貧栄養、砂不足、海底ごみに悩まされている。二〇〇〇年以前に比べると海の透明度が増し、見た目にはきれいになってきたという声をよく聞く。しかし、まさに「水清ければ、魚棲まず」といわれるように、きれいな海では栄養が乏しく、海藻の育ちも頼りなげで、魚のエサになるプランクトンの繁殖も勢いがなくなる。

瀬戸内海の多くの海域で漁獲量が減ってきているのは、漁師の高齢化で担い手が少なくなったからではなく、この貧栄養化が海の生産力を落としているからにほかならない。漁業者数の減少や後継者難は、海の仕事だけでは生活費が確保できなくなってきたことが原因だ。

また、かつては土木建設に用いるコンクリートの骨材として、瀬戸内海の海砂をさかんに採取していたが、十数年前には多くの海域で採取禁止が定められ、採取量は大幅に減った。しかし、砂地が形成されるのは陸域からの土砂供給によるものだが、主要河川のダムや各地の砂防ダムが整備されるにつれて、海への砂の供給は滞《とどこお》りがちになった。そのため採取が禁止されても、海域の海砂は回復せず、砂浜や砂州《さす》などはやせ細るばかりとなっている。

陸域で砂場といえば、砂丘や砂漠など「不毛の地」を連想するが、海における砂場はイカナゴやベラの休息場所であり、海水の汚れを除いてくれる浄化槽でもあり、産卵場や稚魚の養育場としての機能ももっている。まさに藻場干潟に匹敵する重要な場所である。だから砂不足の解消は瀬戸内海再生の要《かなめ》ともいえるだろう。

海岸に漂着するごみは、嵐の後などにとくに目につく。木片や海藻など自然物ならばやがて朽ち果てていくが、プラスチックや空き缶など人工物はなかなか分解が進まず、いつまでも目ざわりなままだ。かつてはボランティアや保健衛生団体などが海岸清掃を担っていたが、いまでは手が回りかねる状況となった。そこで海岸漂着ごみを行政の責任で処理するための法律が定められ、地域協議会を中心に処理が進められることになった。

とはいえ海岸に漂着するごみは氷山の一角にすぎない。海底に沈むごみの量ははかりしれない。漁師たちが底引き網を曳《ひ》くたびに獲物の何倍ものごみがかかるから始末が悪い。ごみは海中に暮らす生物たちにとってもやっかいな存在なので、その処理対策も必要である。しかし、もとの発生源を突き止めて発生抑制をはからない限り、生態系の改善は期待できない。

このように新たに顕在化してきた海の三重苦は、私たちの社会が近代化の流れの中で無意識のうちに生みだしてきた、一種の文明病のようなものである。私たちが「あたりまえ」と思っているものを改めるのは容易ではない。発想の転換も必要だし、日々の暮らしのあり方を転換する気概も大切である。

新しい環境基本計画では、そうした矛盾をはらむ瀬戸内海の環境問題に対して、さまざまな利害関係をもつ者が議論して、自分たちの海を見いだすための作業軸を示した。それが「庭畑道」ではないだろうか。瀬戸内海を庭として見立てれば、どんな姿が理想だろうか。畑と見立てれば、どんな生態系に順応させるのが好ましいだろうか。道と見立てれば、どんな配慮が必要だろうか、などなど関係者の議論のきっかけにしようというものである。

また、これまで瀬戸内海を一律に論じて対策を立てていたものを、これからは湾灘ごとの特性に応じて管理のあり方を検討することになり、融通性も加えられた。これにより、地域による湾灘の環境特性を活かした自律的なビジョンが描けることになり、地方創生のプランにも組みこんでいけることだろう。

これまでは「開発か保全か」という二項対立の議論が多かったが、これからは湾灘ごとに協議会を設けてその海の多面的な役割を認識し、利害関係者の存在を認め合い、作用と副作用の及ぼす範囲に心を配る環境像を描くことも可能ではないだろうか。

手始めに「道」について考えてみる。

明石海峡で漁協の仕事をしていた頃は「海は漁業の畑であり、道はそのあいだを通るあぜ道である。だから、踏みはずさないようにゆっくり通航するものだ」と漁業側の立場から意見を述べていた。これが海運の通航する側からすれば「高速道路に耕耘機《こううんき》が入りこんで、時には逆行してくるので、交通管理の上で制限を加えるべきだ」などという意見になり、かみ合わない話が続くことになる。

この件についていえば、漁業側と海上交通側が相互理解をはかり、情報交換することによって、一定の良い関係性を維持できている。春のイカナゴ漁や秋のノリ養殖施設を設置する時期に見られる、何百隻もの漁船の一斉出漁は、大阪湾海上交通センター（淡路島松帆の浦山上）の担当官に冷や汗をかかせていることだろう。一律に「どちらが優先か」など と勝ち負けにこだわっても仕方がない。海面を利用する時間帯のすみ分けで片づくことも多い。そんな知恵の出し合いがウィンウィンの関係をつくりだしてくれる。

ところで、海の道の存在意義は、通航する者とその場を漁場とする者だけにしかないのだろうか。潮路を進む船陰も、瀬戸内海の景観の魅力の一つといえるだろう。また、勢いよく漁場へと急ぐ漁船団の迫力も、汽笛音も心に響くものがある。道を物流の機能性ばかりから見るのではなく、その価値を幅広く社会的に認め合う懐の深さも必要なのではないだろうか。

先日、嵐のあとの海岸で流れついた椰子《やし》の実を見つけた。島崎藤村の「椰子の実」の詩を思わず口ず

下関市綾羅木海岸にて

さんだが、柳田国男の「海上の道」にも想いがつながった。海岸漂着ごみがやっかいな課題になっているが、本来はこうした海の彼方《かなた》からの贈りものが届く「道」であってほしい。

第八章　豊かな海へ

新たな海の栄養環境づくり　（二〇〇九）

瀬戸内海の漁業生産を大きく支えてきたノリ養殖漁業の不振が続き、多くの経営体が廃業の危機に追いこまれている。六〇年代から九〇年代の海の富栄養化を背景に発展したノリ養殖漁業が終わりを告げようとしているのだろうか。

瀬戸内海が公害の海と呼ばれ、魚類や貝類の生産が落ちこんでいった一九六〇年ごろに救世主のようにあらわれたのがノリ養殖だった。それまでの漁業の中心であった漁船による天然魚介類の捕獲は、高度経済成長による国民の需要増大につれて獲れば売れる局面を迎え、漁業装備の近代化とあいまって乱獲へとなだれこんでいった。また、相次ぐ公害や臨海部の開発による環境汚染と人工海岸化は、天然魚介類にも影響を及ぼし、再生産の不調や奇形魚の発生などという事態をもたらした。結果として風評被害も起き、一般消費者の「魚離れ」の傾向にもつながった。さらに、限られた漁業資源に対して、獲るための設備投資を過剰に進めたために、漁獲の減少と販売価格の低落、そして経費率の高さから経営が圧迫されるという漁船漁業の冬の時代へと傾いていった。

そうした漁船漁業の不振の一方で、東京湾や有明海などの富栄養な環境で発達してきたノリ養殖技術が瀬戸内海にも技術移転されていった。先進地が干潟を中心とした支柱式のノリ養殖を展開していたのに対して、瀬戸内海では干潟は埋め立てられるなど少なくなっていたので、その沖合いの潮通しの良い場所に展開することになった。

これは、技術革新によって化繊《かせん》ロープが強度を増し、強い流れにも耐えて、養殖施設を係留できるほどになったおかげでもある。また、そうした沖合いにまで十分な栄養が届くほど瀬戸内海全体の富栄養化が進んでいたことも背景にあった。

一九七〇年代には河口域のみならず、港湾区域や灘の中央部など、流れが弱い海域の底はほとんどヘドロにおおわれ、貝類や底生生物の激減を招いていた。皮肉にも、そのヘドロが冬の混合期（海水の鉛直混合が盛んな時期）に栄養分を溶出させ、海藻を育てる栄養を十分に送り届けてくれていたわけだ。

瀬戸内海で養殖によって生産された海苔は、先進地の干潟で採れる海苔に比べると、潮流にさらされて硬くなる性質があった。栄養があって色の黒い点は評価されたが、歯切れが悪いために売り先を見つけるのに苦労していた。しかし、一九八〇年代後半には全国にコンビニエンスストアが展開され、三角おにぎりが評判を呼んだ。このおにぎりに巻く海苔は、やわらかいものでは機械で生産するのがむずかしく、かたくて難物だった瀬戸内海の海苔が適応していて、一気に市場に広がる契機になった。こうして不振の漁船漁業を上回る漁業生産をノリ養殖が上げるようになっていった。

ノリを育てて乾海苔に加工して売る漁業は、生産販売による収入の増大をもたらした一方で、海に流れこんだ栄養分を回収し、食料として再供給するという、循環型社会のモデルとしての意義ももっていた。

一方、陸上の人間社会では公害が大きな問題となっていた。人々が環境問題に関心をもつようになり、「きれいにしよう」という社会運動がさまざまに取り組まれるようになった。海をよごす汚水を浄化する下水道の整備が各地で進められ、陸域から海への汚濁負荷は徐々に低減されていくようになった。

瀬戸内海でみると、富栄養化によって生じる赤潮は一九七〇年代をピークに二〇〇〇年には半減し、海底のヘドロも、大阪湾の奥など埋立地と港湾で囲われたような限られた海域以外では大幅に少なくなってきた。これは陸域から流れこむ栄養分が海底にたまっていくスピードと、海底にたまった栄養分が溶け出して流れ去っていくスピードとのバランスが変わったことを意味している。おそらくオイルショックやバブル経済の崩壊などの社会経済事情も影響して、一九九〇年代にはこのバランスが海に栄養がたまる方向から、海底から栄養が流れ出ていく方向へと逆転したのではないだろうか。

明石海峡周辺では二〇〇〇年ごろからその影響が顕在化してきた。それまで栄養が十分あって良質の黒い海苔を生産してきた漁場で、栄養不足による色落ちが深刻化してきたことや、くぎ煮で有名になったイカナゴがやせて育ちが悪くなったこと、あるいは明石ダコもやせたり産卵期がずれたりするなど、栄養不足による異変が増えてきていた。

その間、明石市の沿岸部で潜水調査を続けてきた筆者や潜水器漁業の漁師たちは、それまで海底をお

瀬戸内海の栄養分布は二極化している

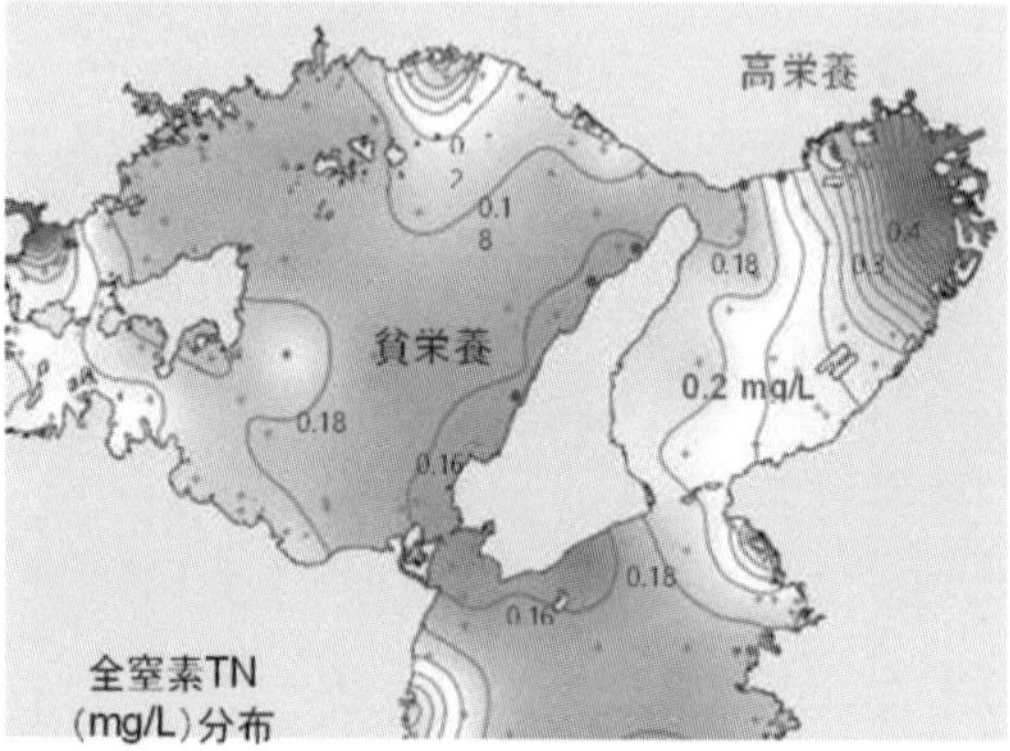

図　瀬戸内海東部の全窒素分布の現状
藤原建紀ら（2020）、水環境学会誌、43巻、6号　より

おっていたヘドロが減り、ごろ石や砂の海底が増え、タイラギなどの貝類がよみがえってきた様子をつぶさに観察してきた。海は変わったのだ。

当初は海の広さ大きさに甘えて、陸域からの汚水は垂れ流されてきた。それが公害の海を生み出したため、排出規制がかけられるようになり、できるだけ陸上で処理してしまおうということになった。そして、企業の努力や公共下水道の整備によって、処理率の向上をはかってきたのである。

そういった努力は「覆水盆《ふくすいぼん》に返らず」のたとえのように、取り返しのつかないことをしてしまったことへの「償《つぐな》い」というようにも捉えられてきた。そのため、廃水処理の技術者たちは必死の思いで技術を磨き、行政も多額の税金を投入してきた。その結果、排水はどんどんきれいになり、ドブ川には清水が流れるようになり、外面は見ちがえるほどになってきた。

たしかに、それでも見えない形の汚染は続いている。ダイオキシンや環境ホルモンなど人間活動に起因する環境汚染は終わっているわけではない。しかし、栄養成分に関してはすっかり様相が変わってきた。

陸上の汚水処理が不十分だったころ、海は富栄養化が進み、赤潮の多発やヘドロの堆積によってドブと化していた。そのとき、一部ではあるが、過剰な栄養分を吸収して陸域に返すという循環を担っていたのは、海鳥たちと川をさかのぼる魚たち、それと漁業だった。

富栄養化した海から一番効率よく栄養を循環させていたのがノリ養殖だった。そしてまたカキなどの貝類養殖だった。いま、科学技術を動員した下水処理などが高い効率で水処理をしてくれるおかげで、栄養成分に関しては十分な処理水準に達した地域が多くなった。結果として、海で循環を担っていた無《む》給餌《きゅうじ》養殖漁業は栄養不足になり、置き去りにされて滅びようとしている。

ノリ養殖やカキ養殖がはたしてきた役割は栄養分の循環だけではない。地域経済と食文化を育み、郷土愛も育ててきた。それを時代の流れということで置き去りにしてしまっていいものだろうか。

いま一度、山から海までの環境を見渡してみよう。陸域も河川も海域もつながっている。汚水処理を処理場だけに任せるのではなく、川にも海にも分担させられないだろうか。栄養分を一定量は海にも戻し、ノリ養殖など漁業の力とあわせて全体の循環を生かしていくときではないだろうか。

きれいな海から、豊かな海へ（二〇一一）

下関に来て三年目になるが、関門海峡に育つマダコが楽しみの一つになっている。明石に長くいたこともあり、マダコにはひときわこだわりがあるのだが、こちらの関門ダコも明石ダコに引けを取らないものと評価できる。色黒で腕が太短く、かみしめると深い味わいがある。日曜日に長府漁港で行なわれる朝市の人気もので、うっかり遅れていくと売り切れに泣かされる。

そのうまさの秘密はエサと運動量にあるとにらんでいる。砂泥地帯になると、ほとんど動かない貝類が主食となるのに対して、砂礫から岩場ではエビやカニ、小魚など動き抵抗するものが相手なので、筋肉が発達するのだろう。まさに壇ノ浦の潮流が育むものだといえる。

そんなマダコだが、二、三年前からその味が薄くなってきているようだ。明石では数年前から気になっていたのだが、下関ではこんな味なのかと思っていた。しかし、この地のタコ好きに話を聞くと「そういえば味が薄くなってきたような…」と同じような感想をもっていることがわかった。

明石海峡での春のイカナゴもそうだ。くぎ煮にすると調味料の味が勝ってしまい、イカナゴらしさを楽しみにくくなってきた。イカナゴをかま揚げシラスのようにした「新子」も腹の赤いものが少なくなり、エサのプランクトンの種類が変わってきたことをうかがわせる。イカナゴの赤腹は脂気をもつ動物プランクトンを食べている証しだ。

そうしてみると、瀬戸内海で顕在化してきたノリ養殖の色落ちも栄養不足という点でつながってくる。

わが国の沿岸漁業の水揚げ高は、沖合や遠洋が増減しても、ずっと二〇〇万トンを維持してきていたが、二〇〇〇年ごろから急激に減少し、半減するのではないかという心配まで出てきている。その理由にはマイワシなどの多獲性魚の資源変動などが挙げられてきたが、もっと根本的な理由として、列島の大地から出る栄養分が少なくなってきたことに問題があるのではないかという指摘があり、近年それが信憑性を帯びてきた。

全国的な磯焼けなど藻場の衰退も、かつての埋立てや汚染とは異なる仕組みで生じてきている可能性もあるのではないだろうか。筆者は、明石の漁協職員時代からずっとノリ養殖漁場の動向を見てきた。河川の汚濁が深刻化し、それをきれいにする取組みが叫ばれ、やがてきれいな川がよみがえってきた。それは汚水浄化を徹底する下水処理場の整備の進《しん》捗《ちょく》と軌を一《いつ》にしていた。

瀬戸内海沿岸域で十年前までは問題視されていたヘドロの堆積が激減し、泥場から砂礫場に変ってきたところも散見されるようになった。つまり、流れこみ堆積する有機物の量と、溶解して流れ去る有機物の量の収支が、逆転したのだ。

「きれいな海にしよう」と下水道を整備し、川を流れる汚水をシャットアウトしてきたことが、海に届く栄養分を激減させたといえるだろう。瀬戸内海の多くのノリ養殖場が栄養不足に陥っており、たまに大雨が降れば少しは回復するということ数年の傾向は、単なるプランクトンとの栄養の取り合いや、外洋からの栄養供給の多寡のレベルでは説明できない問題だ。

環境省はそうした現場の声を受けたのか、二〇一〇年度に「瀬戸内海の環境のあり方」を検討する懇談会を設け、本年度にはそれをもとにして水質規制のあり方を再検討しようとしている。これまで瀬戸内海を一体のものとして、一律に規制をかけてきたが、これからは各湾や灘の状況に応じて、きめこまやかな対応ができるように、規制を考えなおすべき段階に入ったといえるだろう。

しかし各地の現場や市民のあいだには、まだまだ海は汚れたもので「きれいにする」のが至上命令だという意見も多く聞かれる。海の実情をどのような立場や視点で見ているかによって、意見が変わってくるようだ。

深刻な栄養不足に悩んでいる兵庫県の海域では、陸の人々にも理解を広めようと、ため池に目を向けた取組みが始まっている。

ため池は、瀬戸内海気候の特徴である雨量の少なさを補うために設けられたもので、この地の農業の発展に寄与してきた。しかし近年、農業ばなれによって水需要が減少したため、地域におけるため池の役割は低下し、宅地や公共施設の用地を確保するために埋められることが増えている。残っていても、生活排水等が増えて汚濁したり、ため池管理者の高齢化によって手入れが行き届かなくなったりしており、悪臭の発生源、あるいは危険な場所として、迷惑施設に見られるところまで出てきていた。

海の栄養不足に悩み、その供給源をわらにもすがる思いで求めていたノリ養殖漁師たちは、放置されていたため池に目を向け、その「かい掘り」によって底にたまった泥を掘り出し、川に排出することによって栄養供給の足しにしようと試行を始めた。これは、管理ができなくなった農業者にとっても、ため池の点検や修繕、水質の改善につながるものであり、自治体が仲介役になることによって実現した漁業と農業の相互協力であった。

いざやり始めてみると、海には詳しい漁師たちにも、ため池の仕組みはわからないことばかりだったが、協力した農家と交流する中で、農業の側の知恵を教わり、反対に農家は海の若い力を心強く感じた。協働作業によってため池がきれいになったあと、海と里の幸を盛りこんだ交流会が楽しく開かれた。

農家にとっては手間のかかるため池であっても、広い海に対してはわずかな水量でしかない。「かい掘り」による泥の排出にはたいした効果もなかろうと冷ややかな声もあったのだが、海の栄養不足は本当に深刻で、放流の結果として河口に近いノリ養殖施設ではノリの色の回復が観察された。

また、漁業者たちは海底にたまった栄養分を呼び起こそうと「海底耕うん」という作業も始めており、一部の海域では効果も確認されるようになった。

さらに別の取組みもある。明石市などの下水処理場では、これまで排水基準を十二分に下回るレベルまで浄化を進める運転がなされていた。川や海をきれいにすることが至上任務だとの思いがあったのだ。しかし、水を循環させるだけならそれでよくても、栄養物質を循環させることを考えると、それではやりすぎになってしまう。そのことが認識されるようになってから、規制値を超えない範囲で窒素分などの栄養を海に送る「栄養塩管理運転」を試みてもらえるようになった。

つまるところ「きれいな海へ」というスローガンは一定の役割を終え、これからは海の実態を把握したうえで「豊かな海」に導いていくことが必要になってきたといえるだろう。それはまた、里海づくりの拡大版とも言える。タコの味の復活にもつながってほしいものだ。

農業と海　肥料統計が必要　(二〇一三)

二〇一三年の西日本は広範囲な不漁に見舞われ、ときどき「ちりめんじゃこ」になるカタクチイワシのシラス漁では豊漁というニュースはあるものの、定番のアジやサバの漁獲はさびしい限りである。一方、北海道では時ならぬマイワシの大漁やブリ、マグロの来遊に驚きの声が上がり、宮城県では金華山のサバが豊漁に沸いている。地球温暖化のせいで西日本の海水温は例年をはるかに超える水準に上がり、夏に北上回遊する魚種がより北へ行ってしまったという報道がされている。

スルメイカも一足先に北へ向かったので、他の魚種も後を追っているのかもしれない。しかし、韓国の済州島の西、黄海ではまるまると太ったサバやアジが獲れているとの情報もある。西日本ばかりが落ちこぼれになっているのはなぜだろう？　水産大学校が保有する二隻の練習船で対馬海峡の調査を続けているが、対馬東水道と西水道では栄養分に差があり、西高東低の傾向は拡大しているという。これが長崎県五島列島のサバと済州島のサバを比べたときの肥満度の差につながっているのかもしれない。

魚の比較でいえば、ハモやアナゴは瀬戸内海でも韓国沿岸でも漁獲されているが、ここ十年あまりは実は韓国もののほうが脂ののりがよいと評判で、場合によっては関西での卸値で二〜三倍の差がつくこともある。

筆者は瀬戸内海のノリを中心に、イカナゴやタコの観察も続けている。瀬戸内海の栄養不足は、下水処理場や河川から流れる水の浄化が進んだことによってもたらされていると考えてきた。しかし、近年の西日本の状況には、そうした都市化や工業化の関係だけでは説明できない要素が絡んでいるのではないだろうか。

農家でアスパラガスの採り入れを手伝っていたとき「肥料を大量に使う作物は中国やタイに行ってしまい、向こうの池ではアオコの赤潮だらけになっている」と聞いたからだ。

日本では減反政策のせいもあって耕作放棄地が広がり、肥料をやったり手入れしたりするのが大変な野菜づくりは、多くが中国に移ってしまった。また、工場でサラダ野菜をつくるときには液肥を有効に使うので、かつての露地栽培のように大地に吸い取られるような無駄がなくなったという。

農学の先生に聞くと「チッソ肥料の半分は作物に取り入れられるが、半分は土壌の中にしみこみ、地下水を汚染していた。だから環境保全のために化学肥料であるチッソ肥料を減量することは意義がある」

という。いつ頃からのことかと聞くと「そうね、昭和三十年代から六十年代までは、化学肥料をどんどん使うことが食糧増産につながると奨励していたが、平成に入ってから方向転換がはかられるようになり、減量に入ったところが多いね」。

農林水産省農業生産支援課の調べによると、化学肥料の国内需給量は、耕作放棄などによる耕地面積の減少や、単位面積あたりの施肥量の抑制などにより、年々減少してきている。とくに平成元年に二〇〇万トン近くあったものが、平成十八年には一三〇万トンを下回り、三割以上の減少となっている。

この化学肥料にはチッソ、リン酸、カリウム成分が合計されているが、チッソだけでもその約三分の一を占めているから、約二十年の間に二〇万トンの減少が生じている状況にある。

もちろん農業技術が工夫され、少ない肥料で育てることができるようになった面もあるが、先に述べたように、肥料多消費型の野菜づくりが海外移転してしまった面もあるだろう。それに輪をかけての耕作放棄で、肥料の入らない農地が増えてきたのも要因のひとつではないだろうか。

いま世間の話題になっている東京電力福島原子力発電所の汚染水問題で、地下水の存在がクローズアップされている。逆にいうと、これまでは地下水についてあまり知られていなかった、あるいは関心が向けられていなかったのだろう。地下水の膨大さは、地中に浸透したチッソ肥料の動向にも関わってくる。地上を流れる表流水にくらべると、その流出はゆっくりだろうが、地下水からも海へと通じるルートが確実にある。戦後に食糧増産をめざして農地に投入された肥料は、タイムラグ（時間差）はあるものの、わが国の沿岸に栄養をもたらしてきた。これは工業化や都市化にかかわらず、まさに全国津々浦々に広範にもたらされたものであった。

わが国沿岸の漁獲量は戦後急増し、昭和六十年前後にピークを迎え、平成に入ると減少傾向を見せてきた。目についたのはマイワシの大量漁獲である。歴史的にくりかえされるマイワシの豊漁ではあるが、ここまでの大豊漁は過去にはないだろう。それを押し上げたのは、漁獲技術や漁船の性能もあるだろうが、基礎生産の飛躍的な増大だったであろう。それは当時「富栄養化」と表現されたが、農業の寄与に目を向けた論説はあまり目にしなかった。人糞尿が肥料ではなくなり、かえって農業は物質循環から外れたように思われたのかもしれない。

瀬戸内海の全窒素発生負荷量の推移（環境省による）を見ると、平成元年から六年にかけては日量七〇〇トンだったものが、十六年には日量五〇〇トンに減っている。「産業系」とともに「その他系」の減少が目につく。大阪湾のような、都市化と工業化の進んだ海域では「生活系」の比重が高く、「その他系」に位置する「土地系」からの寄与はさほど目につかない。

しかし、大阪湾を除く瀬戸内海の発生負荷量を負荷源別に見ると「土地系」が約三割を占めており、農地等からの肥料の流出分が大きな影響を与えていることが推察される。農業においても、生産場所の海外移転が進んでおり、実際に中国の臨海部における化学肥料の単位面積あたりの使用量は、平成元年以前のわが国の水準に達している。これはその他地域の数倍の水準だ。それが中国における漁獲（淡水域を含む）の増大を支えているのだろう。

ついでに、世界の化学肥料使用量の分布を見てみると、オランダがきわだって高い。これがドーバー海峡産のアジの脂ののりにつながっているのかもしれない。

TPPへの加入問題についていえば、水産の関税障壁はすでにないに等しいので影響は少ないと思われてきたが、農業の関税が撤廃されると、耕作放棄地がさらに増え、海は一層やせてしまうのではないかと心配になる。水産側からも農業の再生を応援する視点が必要になるだろう。

沿岸生態系クロダイの変　(二〇一九)

瀬戸内海ばかりではなく、日本沿岸各地で「海がきれいになりすぎた」と言われるようになった。海がきれいなことは、日々の暮らしにおいても、観光面でも、文句のない話ではある。しかし「きれいになりすぎた」という語感には何か不満が感じられる。それは「水清ければ、魚すまず」というように、水がきれいすぎると水中の栄養やエサが乏しくなり、魚が好む水環境ではなくなるからだ。

清流や泉の水は、水の価値だけで評価されるけれど、海や湖沼《こしょう》や川は、生き物たちの生態系が形成される場、私たち人間には魚介類などの恵みをもたらしてくれる場でもある。そうした生物生産の場としてみると、海などの水辺がきれいなのはたしかにうれしいが、一方で恵みが乏しくなるのは寂しいことである。「なりすぎた」という表現には、そういう気持ちが語感として表れている。

海や海洋生物を観察する機会が少なくなった現代。「汚い海から、きれいな海へ」という昔のスローガンから「きれいなだけの海から、豊かな海へ」という新しい目標への転換はうまく図れるだろうか。今一度、海辺を歩きまわってみた。

どこの漁港に出かけても「魚がいない」「毎年旬を迎える名産品の季節感が狂っている」「同じ種類でも味が落ちたのではないか」などと不調を漏らす声を聞く。現場の漁師に聞くと、漁業種類によって深刻さは異なるようだ。沿岸の限られた漁場で活動している者の不漁は深刻で、たまに魚群が来ても長続きしないという。一方、かなり広域を漁場として駆けめぐる者は、漁模様の情報を頼りに東奔西走して、同じく活動的なサワラやシイラなどを得て、漁獲を確保しているという。

たしかに漁獲データを見ても、高速で泳ぎまわる回遊魚は水揚げされている。日本沿岸のエサ環境が貧弱になってきているため、ところどころで発生したエサ場にうまくたどりつける魚種ばかりが潤っているようだ。同様に、漁業のほうも沿岸にしがみついている土着型の漁業は衰退し、広域を迅速に駆けめぐる巻き網船団などは、なんとか魚群を見いだして生き残っている。わが国では、水産資源の管理については新たな取組が進められており、持続的な生産が可能になるように研究され、規制されていくが、その海の幸の「配分」という点では、格差が拡大していく時代を迎えたのかもしれない。

進化論で有名なダーウィンが言ったかどうか、確証はないが言いそうなセリフとして「環境が変化しても生き残れる種は、もっとも大きいものでもなく、もっとも強いものでもなく、変化に適応できるものだ」という。子供たちに人気のある恐竜たちも、条件が良ければ巨大化して強くなる方向で進化していったが、大きな環境変化には適応できずに滅んでしまった。その変化の中を生き残ったのは、環境適応力があった哺乳類だったといわれる。

そこで適応力という観点から海の中を見てみよう。魚が減ってきた背景には、地球温暖化や、人間活動の変遷にともなう海の富栄養化とその後の貧栄養化、マイクロプラスチックなどの汚染、沿岸域開発のツケ、そして乱獲などが考えられる。いずれにしても、一九八〇年代の海の生産力は失われている。貧栄養化は広域に及び、魚たちのエサ場が貧弱化している。温暖化で季節感のずれも生じている。そんな環境変化にさらされて、魚たちの生態系は大きくダメージを受けている。しかし、そんな環境にも適応力を発揮して生き残る連中もいる。

サワラやシイラは、その高速遊泳力で少なくなったエサ場を広く利用して、今の貧栄養な環境に適応している。スルメイカをはじめ、ブリやトラフグなどはエサ環境がまし（親潮域は栄養が豊富）な北海道のほうへと北上移動している。また、環境への適応という意味では、もう少し違った戦略で生き残ってきた魚もいる。それがクロダイだ。

クロダイはマダイの親戚だが、派手な赤色のマダイが光の届かない深みを好むのに対して、沿岸の浅場をもっぱらの活動場にしている。時には河口の汽水域にも入りこみ、やんちゃな若魚は川の下流域に上っていくこともある。そのあたりはボラやスズキにも似ている。これらの魚たちは光が多い環境にいるから、黒っぽい銀色の体色をしている。

クロダイの特徴は雑食性にある。普通はタイの仲間だから「エビで鯛を釣る」というようにエビ、カニなどの甲殻類が好みだが、堤防や岸壁に付着しているムラサキイガイやゴカイなどもよく食べる。堤防の上を走りまわっているフナ虫などもエサにして釣ることができる。さらに、川から流れてくるスイカの皮にも食いつくという悪食《あくじき》ものだ。

貧栄養化でエサが少なくなってきた環境において、食いものの好みにうるさい魚種が減っていくのに対し、クロダイの雑食性は、適応力を発揮する。岸壁の貝やゴカイなど付着生物が少なくなり、フナ虫さえ減ってしまった沿岸で、まず目をつけたのが砂場にいたアサリだった。アサリはよくご存じの二枚貝で、砂にもぐって暮らしている。さすがのクロダイもアサリをバリバリ殻ごと食えるわけではないが、アサリが呼吸のために泥の上につきだす水管という小さな口を突いて食ってしまうのだ。水管を突かれるとアサリは弱って口を開けてしまい、やがて食い尽くされる。アサリの天敵はナルトビエイなどの暖海性の害魚だと思っていたが、身近なクロダイもその減少に一役買っていたわけだ。

アサリ

アサリも少なくなると、クロダイが向かったのがワカメやノリの養殖場だった。養殖しているノリ芽が切れてなくなる現象をカメラで撮っていたら、クロダイが来てむしゃむしゃかじっているのを見てびっくりした。アイゴやブダイなど草食性の魚ならわかるのだが、タイの仲間が海藻まで食うとは驚きである。

瀬戸内海をはじめとする西日本の沿岸では、栄養不足によって生物生産が貧弱になり、エサ不足から多くの魚種が減少している。その中で、クロダイなどの雑食性で適応力のある魚種が、求めるエサを変えながら、生き残ろうとしている状況にあることがわかってきた。

では、どうすれば豊かな海になるのだろうか？　きれいすぎる海を求めるのではなく、海の生態系の物質循環を太く活発にできるような、ある程度の栄養が補給される海づくりが必要なのではないだろうか。

これまで兵庫県などが中心になって、水産用水基準の規制上限値を決めて水質を管理してきたが、現在は下がりすぎを避けるため「下限値」を導入しようというアイデアもある。また、「里海資本論」などにも紹介されているように、森川海里の連携を意識して、自然のつながりと多様性を生かした環境づくりをすることが大切である。そこには人間の関与も必要だ。

これから進められる海洋保護区としての沿岸域管理を、人手をかける適応力をもって耕しなおす活動、つまり「里海活動」がこれからの海づくりに欠かせない。クロダイのようにしたたかに、しなやかに環境変化に対応し、多様なおもしろい生き物たちの力を伸ばしていければと願う。

「貝の湧く海」はどこへ？　イイダコのゆくえ　（二〇二二）

「魚介類」という言葉があるが、「魚」はともかく「介」はナニ？　という質問をいただく。「介」は貝やイカ・タコなどとエビ・カニの甲殻類など、魚以外の水産物を指している。貝殻のある「貝」と殻のないイカ、タコをひとまとめにするのをいぶかる向きもあると思うが、これらは軟体動物という一門に入っている。もともと貝殻をもっていた軟体動物の中に、行動しやすいように貝殻を退化させたものがいて、まったくなくしたものがタコ、身体の中に「甲」という骨のような組織を残したものがイカというわけだ。

明石はかつて「蛸《たこ》の国」と呼ばれていた。またその海は、ミルクイ、タイラギ、マテガイ、ウチムラサキなど「貝の湧く海」とも称され、一九八〇年頃まではまさに魚介類の宝庫だった。しかし、それも一九九〇年にピークを迎え、以降は見る影もない。とくに貝類の壊滅は、生態系が様変わりしたことを示している。同じく琵琶湖でも貝類が壊滅したことが知られており、これはわが国の全国的な現象といえる。海底にどんな異変が起きたのか。介類に視線を向けてみよう。

明石をはじめ、下津井や三原など瀬戸内海にはマダコの好漁場がある。それらは瀬戸と呼ばれる水道を速い潮流が走るところだ。潮流によって泥が吹き飛ばされるため、海底には岩礁や砂礫が広がり、マダコ好みの場所となっている。マダコはきれい好きで、泥や藻などがこびりついたところは嫌がる。また、岩礁地帯や砂礫地帯にはイシガニなどの好物が豊富だ。マダコは通りがかる小魚を含めて「動く獲物」を貪食《どんしょく》する。

そんなマダコより小さくひ弱なイイダコやテナガダコは、同じ場所に居合わせると喰われてしまうので、マダコが近寄らない泥場を主な活動場所にしている。泥場には貝類という「動かない獲物」が豊富にあり、それを主食にしている。

タコ漁に蛸壺がいまだに使われている漁場がある。底引き網より粒ぞろいのタコが捕れるところが壺漁の魅力だ。瀬戸内海の漁港を訪れると、縄でつながれた蛸壺が積み上げられているのを見かけることができる。もとは陶器製だったが、最近はプラスチック製も多くなった。マダコ用はラグビーボール大だが、イイダコ用の握りこぶし大の壺もある。また、イイダコ用には「大あさり」とも呼ばれるウチムラサキの貝殻を使うこともある。タコが貝殻住まいだった先祖のことを思い出して、空いた貝殻に入り込む習性があるのを利用したものだ。

さて、そんなタコ類だが、このところ不漁が続いている。「乱獲だから漁獲規制をしろ」という主張もあるが、現場にはちがう意見が多い。

マダコは壊滅状況というほどではないが、やせた個体が多くなった。かつて産卵期は夏が盛りだったが、今では年中構わずバラバラになってしまっており、漁獲量は二〇〇〇年頃の十分の一になっている。もっと深刻なのは、瀬戸内海の冬の定番であったイイダコが極めて少なくなってしまったことだ。

原因として考えられるのは、以下の四つである。

① コロナ禍によるリモートワークが一般的になる中で、レジャー釣り人の出漁日数が増え、手軽なイイダコ釣りの人気が高まったこと。
② イイダコは小さな貝を好物にしているが、その小さな貝が激減していること。
③ ハモやマダイ等の天敵が食欲を見せていること。

④イイダコはもともと少産型で一度に数百粒の卵しか産まないため、資源回復力が弱いこと。

この中で、②の貝の減少が大きな鍵を握っている。二枚貝は濾過食性《ろかしょくせい》で、プランクトンや懸濁《けんだく》有機物を漉《こ》しとって摂取している。瀬戸内海の水質はきれいになったといわれるが、「水清ければ魚棲まず」というように、きれいになった分、二枚貝の餌も減ってしまっているのだ。

「貝の湧く海」といわれた時代には、農地を歩くと「田舎の香水」と呼ばれた堆肥《たいひ》の発酵臭がただよっていた。農業は土づくりから始まるとされている。その当時は大地に堆肥が供給されていたため、地中に栄養分が浸透し、二、三十年を経て、地下水とともに海底にも染み出していっていた。ところがこの大地の肥沃化は、一九七〇年頃には禁止されてしまった。その後、農業の規模は縮小し、肥料革命によって大地への栄養の補給は大きく減少した。それから三十数年が経ち、海への浸透も在庫切れになったという推量は、案外現実を反映しているように見える。

はっきりした証拠はないが、野をおおっていたセイタカアワダチソウの黄色い花も勢いを失ってきている。アサリ漁不振が深刻化する年次は地域によって異なっているが、それぞれの地形や農業のスタイルの違いで説明できるだろう。また、黒潮洗う西日本に比べて、東北や北海道で貧栄養化が目立たないのは、沖を流れる親潮の効果で説明できる。

「貝のいなくなった海」の生態系には、今後どのような回復の道があるだろうか。森川里海の連携に加えて、食料自給のお尻に火がついたわが国の農林水産業政策にも変革が求められる。農業による土づくりの再生にもエールを送りたい。

獲れる魚と獲れなくなった魚（二〇二三）

日本中で水産物の水揚げ減少が問題視されている。サンマやサケ、イカナゴ、タコなどなど、不調が著しく、それぞれの産品に依存してきた地域社会にも大きな問題を投げかけている。また、スルメイカやブリ、トラフグなど、獲れる地域が変わってしまって、新たな漁場でとまどいを見せるケースも多く見られる。それぞれの魚種や取材する地域によって事情は違うし、物事がいっせいに起こっているわけでもなく、原因が同じとも限らないのだが、日本列島各所で不調に陥っていることはまちがいない。

農林水産省が取りまとめている漁業生産量の推移（図）を見ると、わが国の漁獲量のピークは一九八〇年代にあり、その後大きく減少してきたことがわかる。

この中で遠洋漁業は国連海洋法条約による二〇〇海里問題で縮小を余儀なくされ、沖合い漁業は大量漁獲を支えてきたマイワシの減少によって二〇〇万トンレベルに落ち着いてきた。また、沿岸漁業は二〇〇〇年頃まで一〇〇万トンあまりで安定していたものが、その後はじりじりと減って一〇〇万トンを下回るようになった。さらに、海面養殖漁業は期待されている割にはさほど増えていない状況にある。

このように日本全体の状況を見渡すのは、マクロ

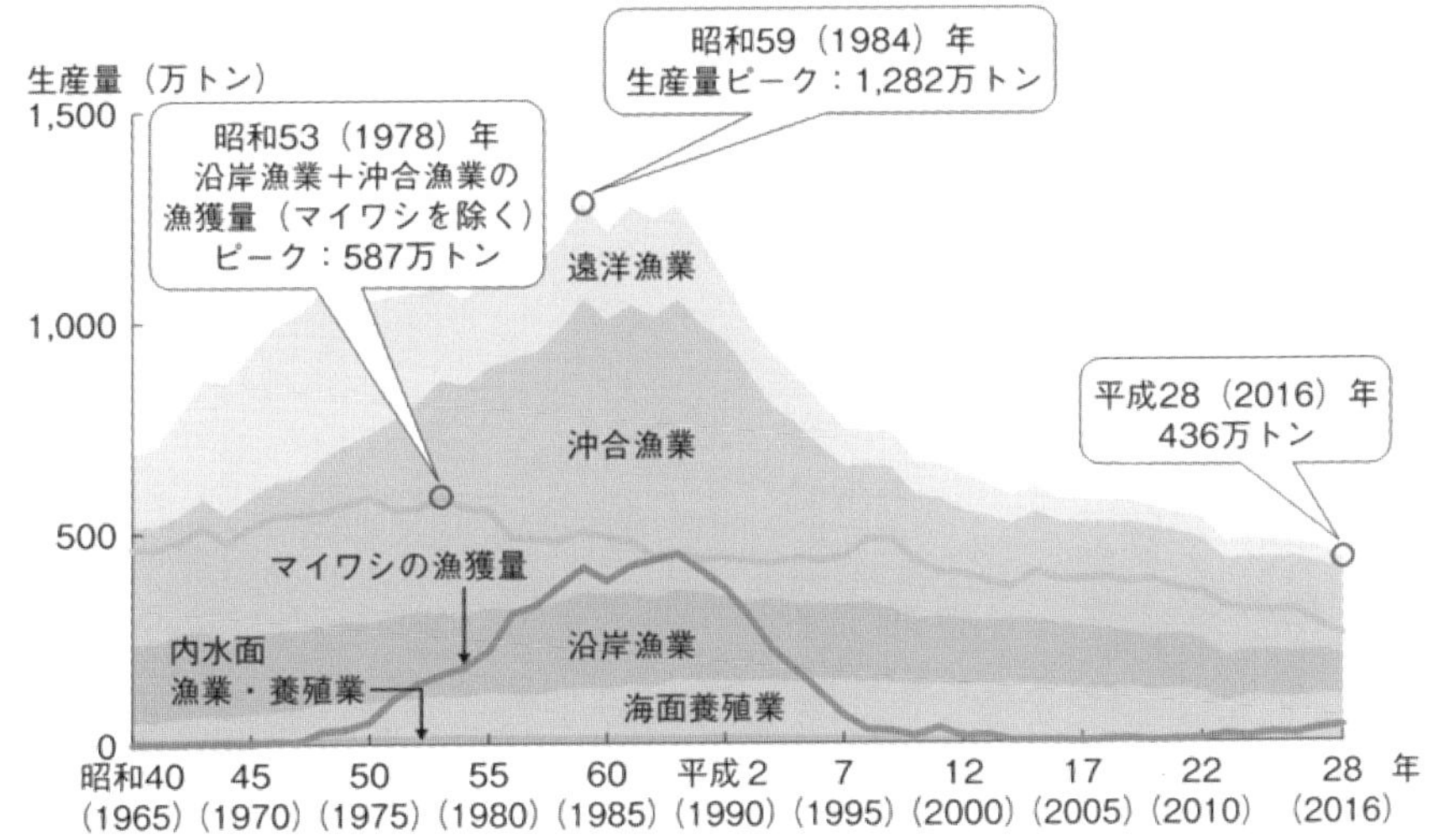

資料：農林水産省「漁業・養殖業生産統計」

な視点である。一方、はじめに触れた津々浦々での現象を個別に見ていくのは、ミクロな視点といえる。一般のメディア情報や水産庁の発信は、多くの場合マクロな観点から評価されるから、日本全体としては水産は衰退傾向で、先の見通しのない分野とみられがちだ。

しかし、地域によっては活発に漁業が営まれていて、後継者も心配ないというか、むしろ新規加入が制限されるところもある。オホーツク海沿岸のホタテ漁（養殖含む）や明石のノリ養殖など、一人あたりの年間水揚げ高が一千万円を優に超えるところはいくつもある。それは与えられた沿岸漁場の生産力をよく把握し、同時に水産物の消費先や地域の食文化にも配慮した工夫がみられ、温暖化や栄養環境の変動も見とおして、適応をはかっているところだ。

一方で、衰退が顕著なところも多くある。高度経済成長期（一九五〇～一九九〇年代）の開発によって沿岸域が大きくダメージを受けたところや、地域自治体が国からの開発施策や補助金に依存して、個々の漁場特性や地域文化に配慮しない水産行政指導が続いたところなどだ。

棚からぼた餅を待っているだけでは、変化について行けない時代になっている。現場の指導者には、行政に対してトップダウン型の援助を求める際に、つなぎ役として存在感を示す人たちがいる。しかし、かつて常態化していた天下り体質だと、開発による漁業補償が少なくなったときに、無策に陥ってしまうのだ。

最近では、水産業界の知恵だけでは足りないとみて、異業種からの助言や参入を求める地域も増えてきた。ただ、政府のベンチャー補助金をアテにした施策では、助成金の切れ目が縁の切れ目となって、持続しない事例も増えている。やはり、現地を長く観察して、地域資源の底力を見抜くことが大切である。都会のコンサルタント依存では事業が根を下ろすことは困難なようだ。

さて、不漁が続く最近でも獲れている魚種もある。サワラやマダイ、ブリの若魚であるツバス、外海ではシイラなど、広い範囲を活動する回遊性の魚種はまだ獲れている状況にある。一方で不漁が続く魚種としては、イカナゴをはじめ、アナゴ、カレイ類、磯魚（アイナメやメバルなど）、イイダコなど、嘆かわしい状況にある。アサリなどの貝類も見る影もない。

同じような体型でも好不漁が分かれるものとして

は、アナゴは少ないけれどもハモはまだ獲れている。カレイ類は少ないけれどもヒラメはまだ獲れている。これは、アナゴは海底の虫（底生生物）を食べるが、ハモは貪欲《どんよく》に小魚を食べるからだ。また、カレイ類は口が小さく、やはり海底の虫を食べるが、口の大きなヒラメは上を通りかかる小魚を食べる。つまり、減っている魚種の多くは海底のエサに依存した魚種で、獲れているものは浮いて通りかかる小魚などをエサにできる魚種、みずから移動してエサを見つけられる魚種だといえる。

ところで、地下水系が海底に出てくるときには、ぶくぶく湧くと思われがちだが、水深が深い場合は、じわじわと染み出すように出てくるようだ。栄養分を含んだ地下水が海底に染み出そうとすると、海底にいる微生物がすばやく利用して、生物膜という微生物の集合体に飲みこまれてしまう。すると、海底直上といえども水質にはほとんど反映されなくなり、海底の有機物（デトリタス）が増えることになる。この生物膜が剥《は》がれて海底を流れると、アサリやゴカイ、カニなど底生生物のエサになる。つまり、これが海底のエサに依存する魚たちを支えていたのだ。

一方、大阪湾で養殖ノリをクロダイが食害しているという話題がある。クロダイは悪食《あくじき》でなんでも食べるが、草食魚ではない。実際、クロダイは植物性のセルロースを分解する消化酵素をもっていないので、ノリを食べても栄養にならないのだ。しかし、ノリの表面についているワレカラやトビムシなどの付着生物はエサになる。クロダイはまた、アサリの水管を食いちぎり、アサリに壊滅的被害を与えている。

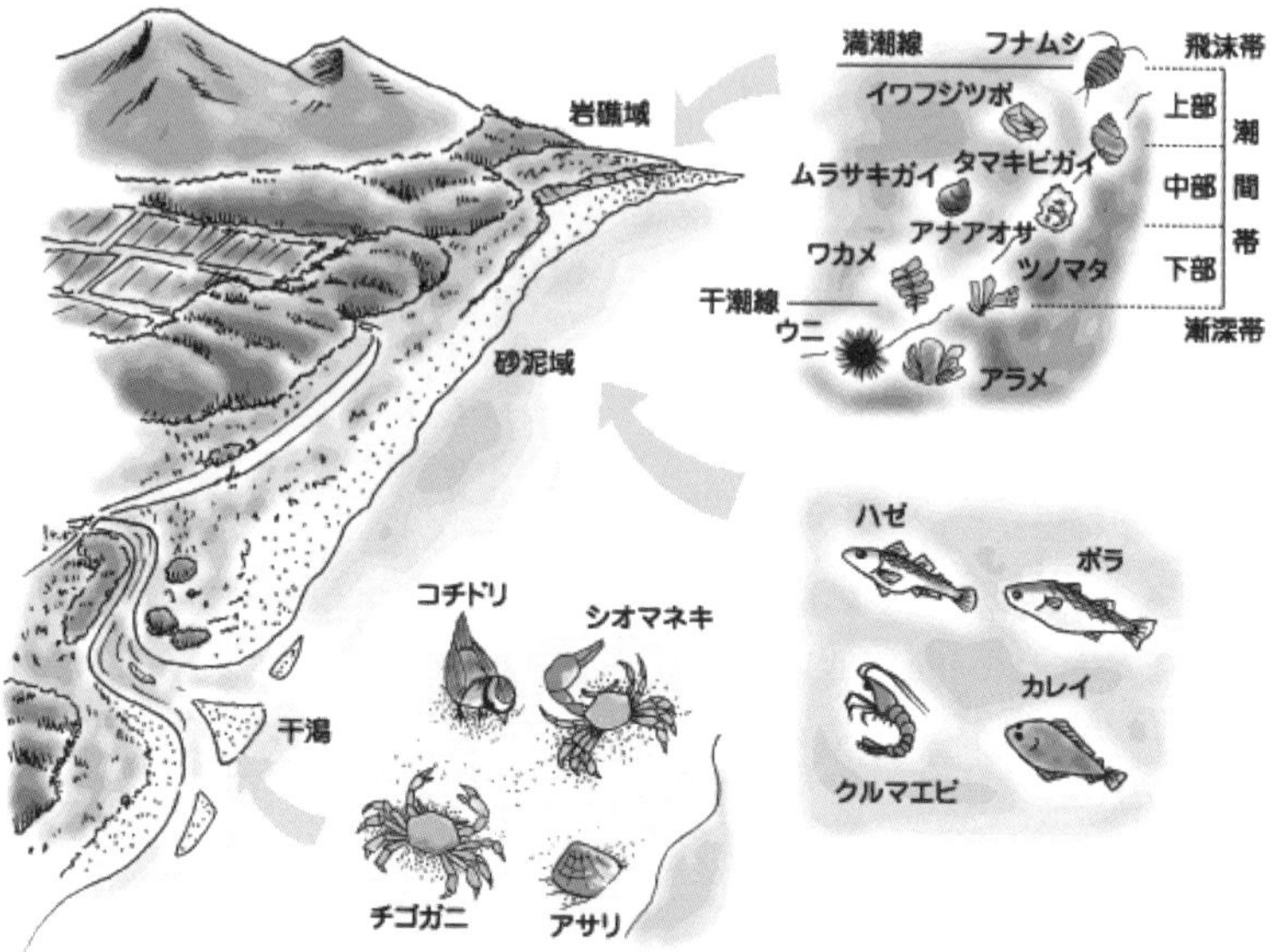

沿岸部の生き物たち

「せとうちネット」―「瀬戸内海と私たち」―「海を調べる」より

クロダイはもともと、岸壁のムラサキイガイやカキのあいだに生息している付着生物を好んでいたのだが、現在ではムラサキイガイもカキも激減している。かつては堤防の上を群がるように走りまわっていたフナムシも見かけなくなった。このように、従来のエサがなくなったので、クロダイは仕方なく海底やノリ養殖場にエサを求めて遊弋《ゆうよく》するようになったのだろう。

岸壁に付着するカキやムラサキイガイも堤防のフナムシも、沿岸の海水に含まれる栄養分によって養われていた。沿岸水が波しぶきとなって岸壁や堤防にかかり、栄養を届けていたのである。近年、沿岸水の透明度が良くなったのは「きれいな海」にする施策の成果といえるが、「水清ければ魚棲まず」といわれるように、きれいな水には栄養が乏しく、ムラサキイガイやカキ、フナムシを育むことができなくなっている。そのツケがクロダイの食害を生み出してきたのだ。河口域や港湾域にクロダイの好むエサ場を再生できないだろうか。

大阪湾が「茅渟《ちぬ》の海」と呼ばれて多くの海の幸を育んでいた頃には、図のように多様な生き物が生息していた。しかし、まわりが人工海岸に占められて生物多様性が失われ、貧栄養環境になると、クロダイ（ちぬ）の暮らしも変わってしまったのだ。

琵琶湖に学ぶ（二〇二三）

京料理には必ずひと品の「淡水魚」料理が加わる。アユやウナギがおなじみだが、コイにフナ、ゴリの佃煮《つくだに》や沢ガニの場合もある。京の都は内陸にあるから、海産魚は届きにくい。一方、おとなりの滋賀県には琵琶湖があるので、淡水魚であれば生かした状態で調理場に届けることができる。

コロナ禍の三年は京都の実家暮らしが続いたが、春先に子持ちのホンモロコを焼いて食べる楽しみがあった。十年前までは琵琶湖産のホンモロコといえば幻の湖魚といわれ、よその田んぼなどで養殖されたもので間にあわせていたので、再会に感激したものだった。

実際、滋賀県によると、ホンモロコの漁獲量は九〇年代前半には二〇〇トン以上あったが、九五年以降は急減し、二〇〇四年にはわずか五トンにまで落ちこんでいた。そういえば、琵琶湖の固有種であるヒガイや「すなもぐり」とも呼ばれるカマツカなどにも復活の兆しが見られる。

琵琶湖の環境といえば、近畿の水瓶《みずがめ》として「琵琶湖総合開発」が進められた一九八〇年前後から、不自然な水位管理や湖周道路の整備による内湖の機能不全などで悪化が進み、富栄養化によるアオコの赤潮や外来水草の大量繁殖、ブラックバスやブルーギルの暗躍に加えて、温暖化による全層循環の不調などもあり、破滅的な状況に陥っていると言われつづけていた。琵琶湖疏水に水道水を頼っている京都市民としても、カビ臭の洗礼には辟易《へきえき》してきたところだ。

そんな琵琶湖に復活の兆しがあるのだろうか。南湖の堅田《かただ》や北湖の高島で活動している漁師に尋ねてみた。十数年前まで猛威を振るっていた外来種のブラックバスやブルーギルは、駆除活動が進められた結果、推定生息量は大幅に減っており、利用を考えていた人たちが肩すかしを食った面もある。

外来種の水草も、二〇一四年から二〇一八年にかけては南湖をおおいつくすほどだったが、除草や砂地回復が進んで山を越している。水草の減ったところではニゴロブナやホンモロコも獲れるようになり、スッポンも獲れている。アオコも減ったようで、セタシジミも獲れるようになったというが、淡水魚の不人気やコロナの影響もあって販路が狭まっており、売れないのが悩みだという。こうした状況の中で、堅田で操業を続けている漁師は五人になったとか。かつて一〇〇人以上の漁業者が活躍していた漁村としてはさびしい限りである。とはいえ、琵琶湖の生産力が落ちこんでいたことを思えば、環境保全とのバランスをとりながら、少人数でも利用していける仕組みがあるのはありがたいことだ。

一方、北湖の様子としては、水はきれいになっているようで、全層循環が不調だった二〇一八年頃はビワマスやイサザなどの状況が心配だったが、二〇二〇年以降は幸い全層循環が戻っており、ビワマスも獲れている。バス釣りに来ていた一般釣り客もビワマスに乗り換えてきている。ただ、今年の小アユ漁は不調で、産卵量はあったはずなのに、その後の生育が悪く、心配しているという。

富栄養化の進んできた琵琶湖では、北湖の深い湖底で有機物がたまり、それが分解される過程で水中の溶存酸素を消費して、底層の貧酸素化が進む。しかし、冬に湖面が冷やされ、重くなった表層水や雪解け水が底層に沈む「全層循環」が起こると、新たな酸素が届けられることによって、底層の環境は改善する。しかし、二〇一八年や二〇一九年には暖冬のため「全層循環」が起こらないという不都合が生じ、湖底ではイサザやヨコエビが酸欠で死んでい

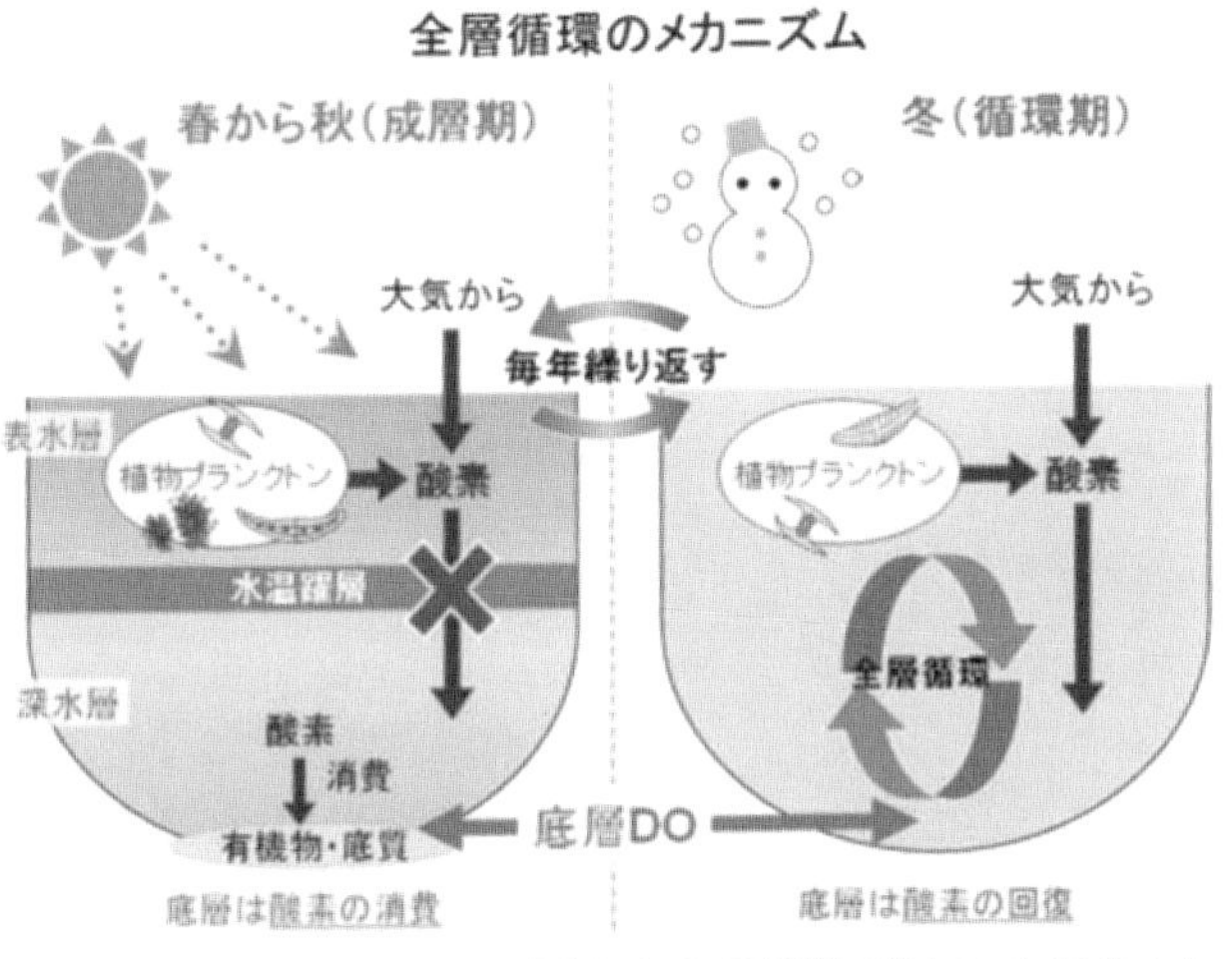

春から秋に北湖に形成された水温躍層（温かい上層の水と冷たい下層の水が対流しない状況）が、冬の水温低下と季節風の影響により鉛直方向の混合が進み、表層から底層まで水温やDO（溶存酸素量）などの水質が一様となる現象。

た。その後の数年は幸いにして「全層循環」が起こっており、現在はビワマスの漁も続けられてはいるのだが、今後の温暖化の進み方によっては再び「全層循環」が止まるかもしれず、予断を許さない問題だといわれている。

話題は変わるが、琵琶湖の魚といえば佃煮に利用される。しかし、高島市や長浜市の下水処理水が排出される水域では、湖魚が臭《にお》うので漁師が自主的に漁獲を控えているという。漁師たちは処理水の排出先に臭いのするプランクトンが繁殖し、それが湖魚を臭わせているのではないかと疑っている。

琵琶湖の水質改善のため、下水道が整備され、処理場で汚水の浄化が進んできた。下水処理は「活性汚泥法」という方法で行なわれている。微生物に汚水の有機物を喰わせて分解し、その後に塩素殺菌して大腸菌を減らして放流する仕組みだ。下水処理の当事者にしてみれば、汚れを取り除き、殺菌して出しているわけだから「きれい」になっていて問題はないはずだという言い分がある。環境政策の立案者にしても水処理科学者にしても、「水をきれいにする」という目的を達成してきた自負はあるようだが、それでは湖魚が臭うのはなぜだろう。

私たちのお腹でも、病原菌が増えるのは困るから、抗生物質で抑えにかかるが、ふだん共生している大腸菌は大切だ。乳酸菌などを飲みたがるのも腸内細菌叢《そう》を保つためだ。

そこで、湖に流れこむ水の質について考えると、殺菌されて出てくる処理水は「死んだ水」と言える。本来の川の水は清濁あるものの、好ましい微生物も栄養素も含まれていた「生きている水」だったはずだ。

琵琶湖という半ば閉ざされた淡水環境は、周辺や湖底にすむ水生植物や微生物のおかげで、バランスのとれた生態系を保ってきた。そこに人工的なさまざまな変化が加えられた結果、思いも寄らないプランクトンが繁殖し、その副作用としてカビ臭や湖魚の着臭が起こったのではないだろうか。

瀬戸内海では潮流が早く、処理水もいちはやく拡散してしまうため、あまり問題視されないが、琵琶湖ではその矛盾が顕在化してくるのだろう。

明石の下水処理場は、塩素殺菌の問題について、漁業側と協議を重ねてきた。処理水には「残留塩素」の問題もあるし、すでに書いたように、それは「死んだ水」でもある。だから、海にそのまま放流するのではなく、海に広がる前に「生きた海水」と混合させる工夫を進めてきた。

琵琶湖でも、処理水を本湖に放出する前に、内湖など「生きた水」のある水域に触れさせて、影響を緩和してから放出するなどの工夫が要るのではないだろうか。

総じて感じることは、これまで琵琶湖も厳しい環境悪化を経験してきて、さまざまな改善施策を重ねてきた面もあるが、その一方で、ここでも貧栄養化がかなり進んでおり、富栄養環境に適応したアオコ赤潮をはじめ、ブラックバスなど外来魚、外来水生植物なども減りはじめている。そして貧栄養に適応力のある昔ながらの種類に復活の兆しが見られるようになったともいえるだろう。

そういえば、秋の野山をおおいつくしていたセイタカアワダチソウの黄色い花も、いまでは限られてきている。

陸地の外来植物であるセイタカアワダチソウの拡大は一九六〇年代から全国に及び、秋の七草を駆逐《くちく》していった。一九六〇年代には全国総合開発計画が始まり、ブルドーザーで表土がめくられたところに入りこんだものだ。折から酸性雨が降り、在来種には厳しい環境になっていた。また、一九七〇年代から の減反政策によって休耕田が増え、富栄養化している土壌に適応した外来種がはびこった。

ところが、二〇〇〇年を過ぎるころからそのセイタカアワダチソウも勢いを失い、秋の七草の復活につながってきている。

わが国の大地も二十一世紀に入り、富栄養状態を脱して貧栄養に向かいはじめたようで、野花の分布にも変化の兆しがある。これから自然の回復力がどのように機能していくのか、琵琶湖の状況にも注目していきたい。

豊かな海を求めて（二〇二四）

二〇二四年元日の能登《のと》半島地震は地域の暮らしを破壊し、人々の苦難を想うと暗澹《あんたん》とした気持ちになった。わずか一夜の内に地表が四メートル隆起したところもあり、多くの漁港が機能不全に陥るなどと思いも寄らない異変に呆然とした。震度七が襲った志賀原発は幸い大破断には至らなかったものの、各所にボロが露出し、オイルによる海洋汚染も引き起こした。計画にのぼっていた珠洲《すず》原発ができていればと思うと、ぞっとする。

「能登はやさしや土までも」といわれるように、能登の人々は思いやり深く、我慢強いことで知られている。交通路の途絶が露呈したように、陸路に不便な奥能登では、漁業で得られた海の幸を、早々に消費地に送ることができないため、昔から保存食の知恵が育まれてきた。イカの魚醤といえる「いしる」やナマコの加工品である「このわた」や「このこ」など風味深い伝統食品が伝えられてきた。

そんな能登半島の歴史をたどると、農地の少ない僻地《へきち》ながら、漁業と海運業に携わるなどして、日本海文化の一つのセンターにもなっていたことが歴史学者の網野善彦氏などの研究でわかっている。陸地の文化圏からみれば不便な地と思われがちだが、海に突き出た半島は海上交流の要衝《ようしょう》といえるだろう。

この度の地震災害の復旧や復興の方針として、政府は日本列島を一律につないで管理していく考え方を示しているが、それでは国土強靭化《こくどきょうじんか》のごとく大手ゼネコンの商機にしかならず、くりかえし災害に遭う地元の人々は離村を考えざるを得なくなるだろう。能登の歴史的な知恵を用いて、集落ごとに自立できる小さな生活圏を構築することを考えるべきである。合併式浄化槽と雨水を活用して水の供給も汚水処理も行い、エネルギーも小規模の再生エネルギーを自給用に整備すれば、遠隔供給に依存する今より、自立性は高まるだろう。

地方が生き残るには、政府に依存するばかりではなく、地域のもっている可能性を生かした多様な考え方を組み立てる必要がある。面倒なことを誰かに依存するのではなく、みずから担っていく気力が地域を支える柱になると思う。その気力を育むためにも、当面の生業の場を提供し、一時の出稼ぎや疎開の便をはかるなど、全国的な支援も大切だろう。

さて、瀬戸内海に戻って「豊かな海」を考える。

瀬戸内海環境保全特別措置法が改正され、それまでの「きれいな海」から「きれいで豊かな海」へと目標が移り変った。瀬戸内海の多くの海域で水質が改善して「きれいになった」との声が聞こえるようになる一方、「水清ければ魚棲まず」の格言どおり、獲れる魚も少なくなってしまい、多くの漁業者から「不漁が甚《はなは》だしい」と嘆きが聞こえるようにもなった。

それでは、新たな目標である「豊かな海」とはどのような海なのか。関わる人たちの立場によっても違ってくるだろうし、経済面で見るか、幸福度で見るか、SDGsなど国際的な尺度で見るかによって、求められるものは異なるだろう。

しかし、自然環境の激変や日本社会の疲弊老化、人々の個人ファーストなど、「豊かさ」と向き合う背景や条件は大きく変化しており、かつての高度経済成長期の成功体験は役に立たないどころか弊害にすらなりつつある。今一度、私たちにとって「ほんとうの豊かさ」とはどのようなものか、「豊かな瀬戸内海」とは何かを考えなおす必要があるだろう。

日本中で報告されている不漁や海の異変は、たまたま起こったものではなく、いずれは元に戻るというようなものでもない。大きな構造的な変化によって不可逆的な事態に立ち至っている。

地球温暖化はまだ数十年は続くと見られている。

そのため日本列島の本州あたりの温帯に生きていた

魚介類は北上してしまい、北海道から千島列島あたりに形成される亜寒帯前線に収束するように押し上げられている。スルメイカ、ブリ、サワラ、トラフグなどの漁模様は一変している。

次いで、農業の衰退によって、「豊葦原《とよあしはら》の瑞穂《みずほ》の国」の大地がやせてきている。休耕田や耕作放棄地の増加とともに、「田舎の香水」と呼ばれた堆肥《たいひ》の発酵臭も久しく嗅《か》がなくなった。土づくりから離れて、化学肥料を効率利用するようになったこと、野菜工場が普及したことなども、大地の貧困化を招いている。結果として、大地から地下水を介して海に染み出す栄養分が枯渇し、沿岸域の貧栄養化が深刻になっている。

兵庫県などは栄養塩類管理計画で人為的な栄養分制限を緩和して海の再生をはかっているが、すでに外海域の栄養レベルに陥ってしまった淡路島周辺や播磨沿岸では、かつての栄養レベルへの回復は、十年くらいでは困難ではないかと見られる。

瀬戸内海の漁獲物の変遷を見ると、白砂青松の時代にはマダイなど寿命の長い魚種が目立ち、貝類が豊富だった。その後、高度経済成長期には海の汚濁が進み、一年で再生産する養殖ノリやワカメ、イカナゴやマイワシの大漁が続き「イワシの海」となった。その後、一九九〇年のバブル経済の崩壊と相前後して、海の主役はクラゲへと変ってきた。

この変遷の背景には温暖化と貧栄養化があるが、もうひとつ、人工海岸化がすすんで自然海岸が減り、生態系が破壊されたことも大きな原因である。河口域の茅《かや》の海や干潟、磯のガラモ場や浅瀬のアマモ場が埋立てや港湾開発で失われた。瀬戸に形成される砂場は、海の浄化装置でもあり、多くの魚種の産卵場であり、イカナゴの夏眠場などでもあったが、海砂の採取や川からの流入の減少によって砂場もやせてきた。これらの結果、沿岸の自然資源を利用する漁業は大きなピンチに見舞われており、二十数年前までの漁獲状況を回復することは期待薄になっている。

じっくり腰を据えて考えるなら、残された環境の自然回復力を生かしつつ、対象となる水産資源ばかりに注目するのはやめて、多様性と再生力のある生態系を育みなおす必要があるだろう。そのためには先祖伝来の経験知も導入した「里海づくり」による手入れが大切だ。だれかにやってもらうばかりでなく、みずからできることを探して働きかけを続けることが大事だと思う。

わが国は、戦後の復興期からずっと「経済成長」を国策として追いかけてきたが、その立場からみれば、「豊かな海」とはすなわち「生産性の高い海」であり、以前の生産性を復活することが目標となるだろう。一九八〇年代の大豊漁時代を想像すると、たしかに漁業生産額としては大きいものがあった。しかし、一方で赤潮の発生やヘドロの堆積など、環境問題が山積し、社会的には「汚い海」と評価された時代でもあった。そこまで行かなくても、二〇〇〇年頃の「かなりきれいな海」で漁獲も相当あるという状況に持っていけるなら、両者の折り合いが付くかもしれない。

ところが、先に触れたように温暖化は戻ってくれない。水質においても、窒素やリンの濃度を回復させようとして、それらを海域に投入しても、目的のノリやイカナゴに届く前に他のプランクトンやクラゲに横取りされてしまう。水質という一つの物差しだけでみれば「上がった、下がった」という変化しかないが、生態系は同じように行って戻るわけではない。人間も、一旦糖尿病になると、食事療法をしても今度は激やせを生じるなど、副作用が大きくなって、なかなか健康体には戻らないものである。

物質的な満足度はＧＤＰ（国内総生産）という経済的な尺度ではかれるというが、「心の豊かさ」をはかるためには違う尺度が必要ではないかと世界で議論されている。戦後復興によって一定の経済回復を果たした一九七〇年代までは、ＧＤＰの拡大が、国民の心の満足度ともかなり一致していたといわれた。しかし、その後バブル経済が破綻した一九九〇年頃からは、依然としてＧＤＰは大きいにもかかわらず、国民のしあわせ感は下がってきて「失われた三十年」などと自虐的に語られるようになった。

近年「心をなくした人たち」の大量出現が話題となっているが、この問題に見られるように、社会不安が増大し、貧富の格差が拡大する一方で、環境問題はいつまでたっても解決されず、社会的文化的な多方面での不調が目につく世相になった。そうした観点から考えると、「経済成長」よりも、国連の提唱する、ＳＤＧｓのはじめの方にあげられた目標「貧困、飢餓、健康、教育、環境など」の充足のほうが優先されるべきではないだろうか。

海に関わるさまざまな立場の人々から議論を起こし、互いの価値観の尊重をはかりつつ、「海」という資産とどのように付き合っていくのか、折り合いの付け方を検討することから始める必要があるだろう。その際には「環境持続性」と「社会的公正」、さらに「ほんとうの豊かさ」を考える必要がある。これから社会を立て直していくうえで重要になるのは相互扶助である。「歩み寄りと分かち合い」の姿勢を保ち、「知足（足るを知る）」を心がけることが大切になってくるだろう。

こうした考え方は半世紀前までは国民の間でも広く認識されていたが、それを忘れて「考えることも面倒なコスト」と感じる風潮が広がって、今日を迎えている。日々の消費を支えるためにお金を稼ぐことに忙しくなった世間にあっては、面倒なことを自分たちで考え、協働して解決していくのは難しい話なのかもしれない。

しかし、こうした手間やコストをかけること、そしてそれに喜びや癒やしを見いだすことこそが「豊かさ」を育む可能性につながるのではないだろうか。自然環境についても、人間の価値観だけでもって管理しようとしたところで、生態系の多様な変容に追いつくことはできない。自然とモノと人との関係性の中に、折り合いの付けどころを考え、順応するゆとりが必要だと思う。

謝辞

『明石海峡魚景色』は朝日新聞の神戸版に連載させていただいた「海からの便り」をまとめたもので、漁業協同組合の職員として一九八〇年代の現場からの発信でした。その後も各方面にエッセイを書き綴ってきましたが、瀬戸内海の環境と社会事情の変化が続き、同じ題材を取り上げても毎回新たな課題が見つかり、現場から教えられる視点に「目からうろこ」という面白さに右往左往する次第でした。

本書は、漁協時代の明石から、京都での大学教員、下関での大学校役員を経て京都に戻るまで、瀬戸内海を行き来しながら時々の視点で綴ったもので、多くの漁業者や水産関連業界の皆様、漁村に暮らす人々、大学など水産人育成に関わる先生方など、多くの方々に刺激をいただき、お世話になって生まれたものです。

とくに兵庫県漁業協同組合連合会の兵庫のり研究所とは二人三脚のお付き合いで、播磨灘沿岸の漁場環境調査は臨海工業地帯の廃水対策や、下水処理場の海域（ノリ養殖漁場）への影響をモニターしてきた経験は、潮流と波に翻弄されながらも漁師の視点を垣間見させていただける機会でした。

また、明石市の魚の棚商店街の皆さまや明石のまちづくりを勉強するグループ、食文化を楽しむグループなど市民活動の皆さまとの交流も、お魚の消費側の意識を学ぶ機会になりました。ここは明石の魚扱いの神髄ともいえる「活け越し」「活け締め」「神経締め」などの技法を公開していくきっかけにもなりました。

様々な媒体に発信させていただいたのですが、とくに（公社）瀬戸内海環境保全協会が発刊している総合誌「瀬戸内海」には長年にわたり「魚暮らし瀬戸内海」というシリーズで連載させていただきました。本書の大半はその原稿に若干の手を加えたものです。そのほか、（財）兵庫県水産振興基金が発行する「拓水」誌や（有）湊文社の月刊アクアネットなど業界誌にも寄せた原稿も一部織り込みました。関係していただいた編集者各位には執筆の尻を叩いていただき感謝申し上げます。

　最後に、長年書き溜めてきた随想をまとめて出版しようと声をかけていただいた出版社アートヴィレッジの越智俊一様、編集の労をとっていただいた越智孝樹様には大変お手数をおかけしました。この場を借りてお礼申し上げます。

　蛇足ながら、これからも「NPO里海づくり研究会議」と「日本伝統食品研究会」など海と魚食にこだわりつつ泳ぎ続けたいと思っております。読者の皆さまにも美味しいコモンズの海を楽しんでいただきたいと願います。

https://kanmontime.com/travel-tv-deeper/seafoods/s3-episode3/

「関門時間旅行シーズン3、エピソード3」

2分20秒あたりから顔を出します。

著者プロフィール

鷲尾　圭司（わしお　けいじ）

一九五二年京都市生まれ。

西陣織関係の職人の次男として生まれたが、父から「着物も時代が変ってきたから、これからは糸偏《いとへん》では食えなくなる。（父の趣味だった）魚釣りの魚《うお》偏《へん》なら食いっぱぐれはないだろう」と言われ、海へのあこがれもあったので水産の道を選んだ。

京都大学の農学部にある水産学科に進んだところ、生物学、物理学、化学、微生物学の四学科から専門分野を選ぶことになったが、そこは水産現場での課題である環境問題や資源問題などに直接関わるよりも、アカデミックさを追究するところだった。現場の社会問題に関心があったので、自主的な研究会だった「京都大学漁業災害研究グループ」に参加して、漁業に関わる「公害」問題に飛びこんだ。原子力発電所の環境影響調査をはじめ、伊予灘や宇和海などで発生した魚介類の大量斃死《へいし》問題の調査などにも参画し、漁師と科学者のあいだに立つ通訳の役割の大切さを知った。

三十歳も近づき、汚染がひどく「死の海」とも形容されていた瀬戸内海をめぐっていたところ、明石で元気な若い漁師たちに出会った。漁協を訪ねると、明石海峡大橋ができる前だったので、「漁師の側からの海の調査」を担ってほしいと誘われ、林崎漁業協同組合の職員にしてもらった。海の環境調査では、下水処理場の排水がノリ養殖漁場に及ぼす影響をモニターし、ノリの色落ち問題における栄養塩類管理の大切さを知った。また、資源利用の調査のほか、販売対策として「イカナゴのくぎ煮」や「節分の恵方巻」などの普及に関わり、地域の伝統食品の役割を考える機会を得た。消費者への情報提供としてはじめた新聞への連載も続け、『明石海峡魚景色』（長征社）や『ギョギョ図鑑』（朝日新聞社）なども著わすことができた。

漁協を十七年勤めたのちに京都へ帰ることになり、京都精華大学人文学部環境社会学科に移籍した。漁協の職員から大学教員になるという「華麗なる転身」なのか、「ヒラメの寝返り」なのか。海の環境問題に現場から関わる専門家が少なかったようで、のちに滋賀県知事になられた嘉田由紀子さんや環境問題研究家の山田國廣さんたちと環境社会学を学ぶ場づくりに参画した。

環境問題は自然環境が影響を受ける場面が多いことから、自然科学の出番だと思われがちだが、実は人間が起こしていることなので社会や文化の面からも解決策を考えなければならない。そこで、環境社会学が必要となる。ポイントは「環境持続性」「社会的公正」「ほんとうの豊かさ」の三つ。それらが実現されるように対策が必要だと議論を重ねた。

世界では環境第一主義や動物の権利主張など、日本での環境議論とは異なるレベルでの考え方も一定の認知を得ている。人類の活動が地球の限界を超えつつある状況にあっては、日本でもそういう価値観の多様さに目を向ける必要がある。伝統的な価値観を主張しつづけるためにも「人と自然の関係性」について説明する用意が必要だろう。クジラの議論などについても、考察を重ねた。

次いで、二〇〇九年の春、突然に水産庁から電話があり、四月から（独）水産大学校の理事長になってくれという。民間人（天下りではない）で、大学教育と経営を知り、瀬戸内海など西日本の漁業にも詳しい人材ということで、白羽の矢が立ったようだ。「水産人の育成」は私のライフワークなので飛びこむことにした。

ところが、その夏には民主党政権が誕生し、事業仕分けにかかって水産大学校は存続の危機を迎えた。しかし、わが国の一次産業のためには人材育成が欠かせないということと、水産人材の特殊性に理解を求め、なんとか存続を得ることができた。この場面でも、行政や研究者の認識や価値観と漁業現場の哲学の相違を実感し、漁業を産業としての利害の点だけから見るのでなく、社会の中での位置づけ（国民の理解と支持）を求めることの重要さを再認識した。

教育の現場では、学生たちの理解の増進が求められるが、教員側の知識を伝達する「上から下への一方通行」型の授業を続けているだけだと、学生たちに「大学で教わったことは世間に出てから役に立たない」と見捨てられることもあった。自分の体験からしても、先生の話は本を読めば分かるし、マニュアルに沿った指導は上滑りで身につかないと感じた。効果的だと思ったのは、教える側が興味関心をもって、みずから楽しんで課題に取り組むこと。そういう課題だと、その先達の背中を見ながら学生のあいだに共感が膨らむのを感じた。実際、整理されたスライドで説明している時より、横道にそれて体験談を語るときの方が受講生の目が輝いて見えた覚えがある。

先生方にはご苦労な話だが、教科の内容に沿った現場に出て、その感動を学生たちと共有すること、というより先に立って楽しむことこそ教育効果が大きいと感じる。つまり教育は、教え導く調教やしつけではなく、教員側も学生からの反応を学ぶ「共育」であるべきだと考える。とくに社会に出て役立てる「実学」においては大切な観点だと思った。

このように職業として水産応援団を経験してきたほか、食いしん坊の好奇心から日本伝統食品研究会に参加し、現在は会長を務めている。また、二〇一四―二〇二〇年にかけて内閣府にある総合海洋政策本部の参与として海洋基本計画の策定に関わるなど、水産や環境、文化の多方面に首を突っこんで楽しんできた。

ご覧のとおり普通にはあり得ない経歴をへて古希を過ぎ、現在に至る。

明石《あかし》海峡《かいきょう》魚《うお》景色《げしき》…あれから三十五年

2024年4月30日　発行
著　者　鷲尾圭司©
発行人　越智俊一
発行所　アートヴィレッジ
〒663-8002
兵庫県西宮市一里山町5-8-502
電　話：090-2941-5991
ＦＡＸ：050-3737-4954
メール：info@artv.jp
ホームページ：artv.page
印刷所　神戸ワープロサービス
ISBN 978-4-909569-78-3

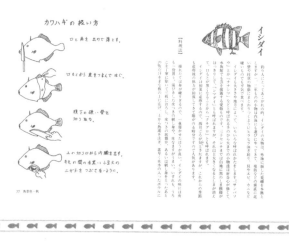

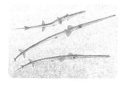

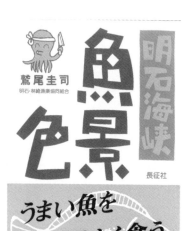

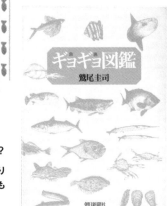